JN173526

上水道工学 第5版

本山智啓 監修

岩崎恭士／木村慎一／田原 功／成田岳人／藤川和久 共著

森北出版株式会社

第5版まえがき

本書は，水道技術全般を理解することを目的として1988年に第1版が発行された．以来，今日まで主として大学，高等専門学校などでの教科書として，あるいは各種資格試験の受験教材として多くの人から好評を得てきた．

本書の特徴は，改版，増刷のたびに最新のデータに修正し，新技術や各種指針などの改定に合わせて加筆修正するなど，常に内容の見直しを行ってきたことである．このことが高く評価された結果，発刊以来，実に30年の長きにわたって版を重ねている．

第4版発行以来，東日本大震災などを経験して耐震化が重要課題となったこと，膜ろ過技術の進展，さらには2012年の「水道施設設計指針」の改定などの水道界を取り巻く状況は大きく変化してきた．このような変化を踏まえて最新の知見を取り入れ，章立てを含めて全体構成を見直し，このたび新たに「上水道工学（第5版）」として発行することとした．近年進歩の著しい膜ろ過技術について一つの章を設けて詳述し，水質面では浄水処理対応困難物質や水安全計画などを新たに追加記述した．また，文言の統一を図り，わかりやすい表現に改めるなどの全体的な見直しを行って読みやすい形に再編整理した．

改訂にあたって著者を全員改めたが，旧版と同様，東京都水道局の要職で活躍し，豊富な経験と高い技術力をもつ気鋭の執筆陣で分担した．読者の期待に応え，役立つことを願っている．

2017年12月

本山智啓

まえがき

我が国の近代水道は昭和62年に創設以来100年目を迎えた．この間，水道は地域の環境衛生の向上とその利便性による生活様式の変革を伴いながら普及してきた．その結果，現在全国の水道普及率は93%を越し，地域を支える基盤施設として重要性を増している．

また，この間の水道技術の進歩も著しく，総合技術として多くの分野を包含し，複雑化している．さらに，歴史の経過とともに，都市化の進行に伴う水道への依存度の増加や水源環境の悪化といった社会情勢の変化に対応すべく，技術内容そのものも変貌してきている．

このような広範にわたる水道技術について全体を取りまとめ，詳しく記述するには膨大な紙数を必要とせざるを得ない．したがって，部分的に理解を深めるためには，それぞれの分野に重点を置いたものに頼るのが適切であるが，水道全般を理解するための技術書も必要である．

本書はそのような観点からまとめたものであり，大学・高等専門学校等の教材として活用できるとともに，現在水道に携わる技術者，水道技術を全般に知ろうとする人にとっても参考になるものと確信している．

著者は，いずれも現在東京水道局で活躍している技術者であって，これ迄の経験と専門知識を生かし，分担して執筆したもので，水道の新しい技術についても述べており，必ずや読者に役立つものと考える次第である．

1988年8月

遠藤士朗

目　次

第1章 総　論

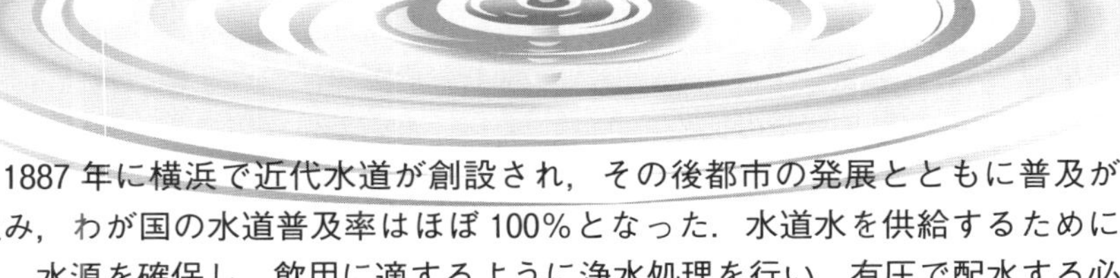

1887年に横浜で近代水道が創設され，その後都市の発展とともに普及が進み，わが国の水道普及率はほぼ100%となった．水道水を供給するためには，水源を確保し，飲用に適するように浄水処理を行い，有圧で配水する必要がある．このためには，水源から給水装置にいたるまで，浄水場や配水管などの膨大な施設，装置が必要であり，これらを適切に整備するとともに管理運営しなければならない．

水道事業の経営は原則として市町村であるが，経営基盤の強化やいっそう効率的な水道事業経営を目指して市町村の枠を超えた水道事業の広域化が進められている．

1.1 水道の役割

わが国は山紫水明の国といわれるように，水は豊潤かつ清純で，飲用として良質なものが多かった．このような自然条件に恵まれて，古くから人は川や泉の近くに居を定め，水をかんがいに利用するとともに，比較的容易に飲料水を得てきた．その後，近世の城下町の出現による人口の都市集中によって給水需要が増加し，これに対応するために中世から発達してきたかんがい水利技術を利用していくつかの上水が建設されたが，その水も比較的上質のものであった．

長い鎖国の時代を終え，外国人の往来がはじまると，わが国においても，間もなくコレラの大流行をみるようになった．とくに，明治になってからのたび重なるコレラなどの消化器系伝染病の大流行により，近代水道創設への期待が高まった．このような状況のなかで，1887年に公衆衛生の向上を目的とした現在の水道の原型といえる近代水道が横浜に誕生した．これは，砂層に水を通して汚れを除去する砂ろ過による処理水を鉄管を使って圧力水の状態で連続的に供給したものであった．一方，海外では，イギリスの水道において1804年に砂ろ過による処理が開始されており，これは日本に先立つこと80年あまりであった．

近代水道の誕生の遅れにもかかわらず，その後，わが国の水道は，各種技術の改善を重ね，水道の目的である公衆衛生の向上に大きく貢献してきた．また，水道の普及は家事労働を軽減し，それまでの生活様式を一変させた．さらに，水道はその利便性から，使用水量の増大，使用目的の多様化を生み出し，かつ普及率の向上にともない，市民生活の水道への依存度は著しく高まった．このようにして，現在，水道は健康で快適な市民生活や産業活動を営むために必要不可欠な都市の基盤施設となっている．

水道に関する基本法は，水道法（昭和32年6月15日法律第177号）である．この法律の第1条は，水道の目的を「清浄にして豊富低廉な水の供給を図り，もって公衆衛生の向上と生活環境の改善とに寄与すること」と定めている．同法第3条によれば，水道の定義は「導管及びその他の工作物により，水を人の飲用に適する水として供給する施設の総体をいう」となっている．図1.1に水道の分類を示す．水道法では，給水人口などによって水道事業を規定している．

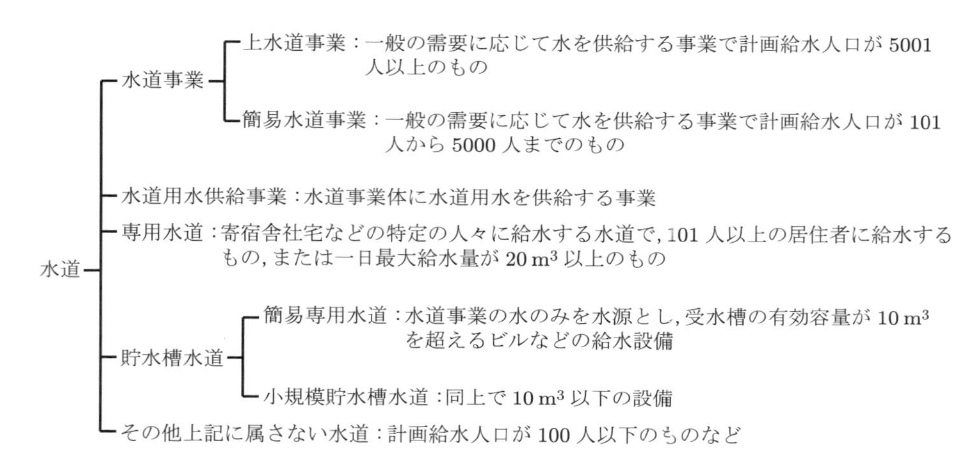

図1.1　水道の分類

1.2　水道の歴史と現状

1.2.1　世界の水道の発達

水は生命を維持するために必要不可欠なものである．このため，人は古来より水を得るためにさまざまな工夫をしてきた．当初，人は河川，湖沼などの水の得やすい場所を求めて集落を形成していたが，人口が増加してさまざまな場所で生活を営むようになり，井戸の掘削，水路による河川水の引き入れなど，人為的に水を得る技術を次々と生み出してきた．

井戸は歴史が極めて古く，紀元前2000年以前のエジプトのピラミッド工事に用いられたカイロのジョセフ井戸が最古のものとされている．

集落が発展し，都市が形成されるようになると，都市の発展にともなう水需要の増加によって，都市やその周辺の水源では需要を満たしきれなくなり，遠方の水源から水を都市内に導く施設が建設されるようになった．このようにして誕生した最初の水道が古代ローマ水道であるといわれている．都市の形成には水の供給が不可欠であり，水道は都市の発展を大きく促すこととなった．

中世に入り，1235 年，ロンドンにおいては鉛管を用いて泉水を市内に導いていた．1619 年には，ロンドンにニューリバー水道会社が設立され，市内にパイプを布設して各戸給水を開始した．これが各戸給水のはじまりである．アメリカにおいても，1652 年ボストンで泉水を水源とする水を自然流下によって導水することが開始された．ロンドンでは 1761 年にはじめて蒸気ポンプが使用され，1873 年には衛生と利便性の面から連続給水が開始された．

一方では，水量とともに水質が重大な関心事となり，1804 年にイギリスのペイズリー水道にはじめて砂ろ過が導入された．それは，横流式の砂ろ過であり，現在の緩速ろ過[†1]とは異なる方式であった．その後，1829 年にイギリスのチェルシーで現在の砂ろ過の原型となる緩速ろ過による浄水処理がはじめて行われた．当時は細菌学が十分に確立されていなかったため，ろ過の目的は単に濁りを取り除くことであった．しかし，1885 年に緩速ろ過に細菌除去作用があることが報告され，さらに 1892 年のエルベ川に面したハンブルグでコレラが大流行した際，緩速ろ過した水を飲んでいた地区の患者が少ないことがわかった．このハンブルグのコレラ事件以降，緩速ろ過が細菌除去機能をもつことが確認され，ヨーロッパ諸国で広く採用されるようになった．アメリカにおいても 19 世紀後半から浄水技術が研究され，1884 年にサマビルではじめて急速ろ過[†2]が開始された．このように，19 世紀後半以降，浄水技術の発展とともに衛生施設としての水道の評価が高まり，浄水機能が古来の水輸送機能とともに水道の不可欠な機能となった．こうして浄化された水を供給する水道の普及が本格化しはじめ，今日にいたっている．

1.2.2　日本の水道の発達

わが国においても井戸の歴史は古く，紀元前 300 年頃の遺跡にその面影をみることができる．水道の起源は明らかではないが，天正 18 年（1590 年）に徳川家康が大久保藤五郎忠行に命じてつくらせた小石川上水が最初の飲用水道であると考えられている．その水源や水路についての詳しいことはわかっていないが，小石川目白台下の流れを利用し，神田方面に導いたもので，後の神田上水のもととなった．その後，江戸は，政治および文化の中心として栄え，人口も増加したため，神田上水だけでは水が不足するようになった．この水不足を解消するため，三代将軍家光は，町奉行神尾備

---

†1　詳しくは 8.2 節で説明する．
†2　詳しくは 8.3 節で説明する．

前守元勝に命じ，さらに元勝は多摩川沿岸の住民庄右衛門，清右衛門兄弟に命じ，多摩川を水源とする水道をつくらせた．これが玉川上水である．

承応3年（1654年）に竣工した玉川上水は，多摩川上流の羽村において堰により取水して四谷大木戸にいたる延長43 kmにも及ぶもので，途中麹町で分岐して江戸城内，四ツ谷，赤坂などの台地や京橋方面にいたる江戸の南西部一帯へ給水していた．両上水のほかにも亀有，青山，三田，千川の上水が相次いでつくられ，水道は江戸住民の約6割の人々に普及していた．

江戸時代における水道は江戸のみではなく，神田，玉川両上水の後，金沢，水戸，福山，名古屋などの諸都市にも建設されたが，規模はあまり大きなものではなかった．この時代の水道は，川やほかの水を自然流下によって導き，かんがい，飲料の両面にわたって使用されていた．

明治時代に入り，海外との交流が盛んになり，コレラなどの消化器系伝染病が猛威をふるいはじめた．このような状況のなかで，公衆衛生の向上を目的として明治20年（1877年）横浜にわが国で最初の近代水道が創設された．これはイギリス人パーマーの手によるもので，ろ過水を有圧鉄管で給水するというものであった．日本人自らの手による最初の近代水道は，平井晴二郎博士による函館市のものであった．その後，水道は順次，長崎，大阪，東京，広島，神戸，岡山，下関など，当時の開港都市を中心に建設された．このように，水道は，公衆衛生の向上，生活環境の改善，防火，産業などの都市の発展に対する寄与が大きいことから目覚ましい普及を遂げ，2018年度にはその普及率は98.0%にまでなっている．

1.2.3　日本の水道の現状

（1）給水人口，水道普及率

表1.1に給水人口，水道普及率の経年推移を示す．これによると，普及率は伸び続けており，1980年度には91.5%であった普及率は，2018年度には98.0%に達している．都道府県別にみると，普及率が最も高いのは東京都，大阪府で100.0%，普及率が最も低いのは熊本県で88.1%となっている．

表1.1　給水人口・水道普及率[1]

区分＼年度	1980	1985	1990	1995	2000	2005	2010	2018
総人口［千人］	116 680	121 005	123 557	125 424	126 901	127 709	128 000	126 437
給水人口［千人］	106 914	112 811	116 962	120 096	122 560	124 122	124 817	123 971
普及率［%］	91.5	93.3	94.7	95.8	96.6	97.2	97.5	98.0

（2）管路延長

2018 年度末の管路の総延長は 721873 km で，前年度末に比べて 1.0％の増加がみられる．これは，地球と月の平均距離を上回る．このうち，導水管は 13393 km，送水管は 37911 km，配水管は 670569 km となっている．

（3）経営形態

各年度の事業体数を表 1.2 に，2018 年度の各事業体別の給水量を表 1.3 に示す．2018 年度においては，事業体数では専用水道が最も多いが，供給水量では上水道事業がその大半を占めている．また，経年変化でみてみると，上水道事業，用水供給事業，簡易水道事業は，近年一貫して減少している．これは以下に述べるように，水道の広域化が図られているためと考えられる．

表 1.2　事業体数[1]

年　度	1985	1990	1995	2000	2005	2010	2015	2018
用水供給事業	98	105	110	111	102	98	92	90
上水道事業	1 934	1 964	1 952	1 958	1 602	1 443	1 381	1 330
簡易水道事業	11 303	10 546	9 828	8 979	7 794	6 687	5 629	3 208
専用水道	4 177	4 277	4 090	3 754	7 611	7 950	8 208	8 225
合　計	17 512	16 892	15 980	14 802	17 109	16 178	15 310	12 853

表 1.3　給水量[1]

種　別	上水道	簡易水道	専用水道	合計	（用水供給）
給水量［千 m^3/日］	40 172	972	77	41 221	（12 298）
給水量割合［%］	97.5	2.4	0.1	100	（29.8）

水道事業の経営は，主として市町村が単位となって進められてきた．これは，水道事業が一定の区域を対象とする公益性の強い事業であり，地域の実情に通じた公共団体である市町村に経営させるのが，最も公益に合致するということから水道法に定められたものである．また，その企業としての自立と経済性の発揮を目的として，地方公営企業法（昭和 27 年 8 月 1 日法律第 292 号）が制定されている．

しかし，市町村ごとに事業経営を行う場合，近年の水源事情が厳しいなかにあっては，取水や導水が困難かつ不経済となること，また，市町村の隣接部において重複投資を招いているなどの状況が発生している．このため，これらの問題の解消を図るとともに，財政的，技術的基盤の強化，合理的な経営体制の確立を目的として，昭和 41 年に広域水道施設に対する国庫補助制度が設けられ，さらに，昭和 52 年の水道法改正で広域的水道整備計画の規定が設けられるなど，水道の広域化を促進する施策が行われてきている．これらの施策によって，水道事業の広域化が進展し 2018 年 4 月現在，35 道府県 67 地域で広域的水道整備計画が策定されている．

その後，平成 30 年の水道法改正では，国，都道府県，市町村，水道事業者に水道の基盤強化の責務が規定されており，特に都道府県には広域連携の推進役としての責務が規定され，人口減少に伴う水需要の減少，水道施設の老朽化，深刻化する人材不足など，水道が直面する課題に対応するための取組が進められている．

1.3 水道の構成

水道は，天然に存在する水の水質を飲用に適したものに改善する水質変換施設を中心として，水源施設，輸送施設，管理情報施設から構成されている．

1.3.1 水源施設

水源施設は，水道水の原料となる原水を必要な量だけ確保する施設である．原水となるのは，河川水，湖沼水などの地表水と地下水などであり，それぞれの状況に応じた取水施設で取水を行う．河川水の場合は，大きく変動する流量を需要に合わせて有効に利用するため，貯水池を設けて流量調節を行うこともある．日本では，古くから水稲栽培が盛んで，都市の近郊において河川に定常的に流れている水は，かんがい期には農業用に使いつくされているため，新たに河川水を取水しようとすれば，ほとんどの場合，ダムをつくって流量を調節する必要がある．

おもに，原水として用いられているのは，地表水か地下水である．日本では，地表水が約 73%，地下水が約 23%となっている．地下水の特殊な利用例としては，河川水や伏流水を地下に注入，浸透させ，これを井戸などで再度取水して浄水処理して利用する例がヨーロッパのライン川流域でみられる．また，淡水が不足している離島や降水量が著しく少ない地域の都市では，海底に送水管を布設したり，海水の淡水化によって飲料水を賄っているところもある．

1.3.2 水質変換施設

水質変換施設は，天然の水である原水の水質を飲用に適するように改善する施設であり，その主体をなすのは浄水場である．浄水場では，原水の水質に合わせてさまざまな処理方法を用い，原水中の不純物の除去や無害化が行われる．このように，飲用に適するように水質が改善された水を浄水といい，水質を改善するための処理を浄水処理という．

現在，わが国で最もよく用いられている浄水処理方式は急速ろ過方式である．これは，一般に沈砂，凝集，沈殿，ろ過，消毒の五つのプロセスからなるもので，コロイド粒子より大きな成分の除去と細菌の無害化をおもな機能としている．したがって，重金属や有機物などの溶解性成分の除去を必要とする場合には，吸着，生物化学的処理などのその他の処理を付加しなければならない．近年，異臭味原因成分除去などを目的として，生物処理，活性炭処理，オゾン処理などを組み合わせた高度浄水処理の導入が行われている．また，膜ろ過による処理も，おもに小規模浄水場に用いられ，懸濁物質やコロイドなどの除去，下痢を引き起こす原虫であるクリプトスポリジウムの除去対策としても採用されている．

わが国において水道の創設当初から用いられている緩速ろ過方式は，砂層中の生物膜の生物作用を利用して浄水処理を行う．この方式は，濁度が低く汚濁負荷の低い原水には，広範囲の汚染物質に対処できる優れた処理方式ではあるが，急速ろ過方式に比べて，大きな敷地面積を要すること，汚濁負荷の高い原水に対応できないことなどから，近年，ほとんど採用されなくなっている．このほか，湧水や井戸水などの地下水を原水とする場合，クリプトスポリジウムなどの汚染もなく水質が極めて良質でかつ変動が少なければ，浄水処理として消毒のみでよい場合もある．

1.3.3　輸送施設

輸送施設は，原水を取水地点から浄水場へ送る導水と，浄水を浄水場から使用者に送る送水，配水，給水に大きく分けられる．

導水施設は，水源となる河川や地下水の取水地点から原水を浄水場へ輸送する施設である．需要のある地域やその近郊で需要に見合う水源を求め得る場合は短距離のものとなるが，近年，都市周辺では人口集中にともなう需要増や近郊の水源水質の悪化によって遠方からの導水を行う傾向にある．

送水施設は，浄水場から配水施設の始点となる給水所まで浄水を送る施設である．また，配水，給水施設は，給水所を始点として，各需要者にその需要に応じた水を配るための施設である．水道事業者が建設，管理する配水池，配水ポンプ，配水管などを配水施設といい，各需要者に水を配るために配水管から分岐して設けられるものを給水施設（給水装置）という．

導水，送水施設は，原則として一定送水を行う．これに対し，配水施設は給水所内に設けられている配水池の容量を利用し，一日のなかで大きく変動する需要に対応する．

1.3.4　管理情報施設

水道は，需要に対応して，水質，水量ともに安定的な給水を行わなければならない．このため，管理情報施設は，水源から給水所までの複雑なシステムにおける水質と水量に関する情報の迅速な収集，運転状態の正確な把握，的確な運転の指令を行うためのものである．

近年，水道の広域化が進むとともに，都市近郊においては水源水質が悪化している状況にあるので，より高度な管理，膨大な情報の収集が要求されており，水量，水質の計測の自動化やコンピュータによる管理の集中化が進められている．

1.4 水資源

水は，海をみなもととし，ここから水蒸気となって空に昇って滞留した後，雨や雪となって海面や陸地に降りそそぐ．陸地に落ちた水の一部はそのまま水蒸気となって空に戻るが，大部分は河川水や地下水となって再び海に戻る．このように，水は，常に状態や場所を変え，自然界のなかを循環しており，その過程のなかで地球上のさまざまな生物の生命を維持するとともに，人間の生活や都市活動などに利用されている．

地球上に存在する水の量については，多くの研究者によって推計が試みられている．国土交通省発行の令和2年版「日本の水資源の現況」によると，地球上には約14億 km^3 の水が存在しており，その内訳は，海水等が約97.5%，氷山氷河等が約1.7%，残りの約0.8%が地下水や地表水となっている．このように，われわれのまわりには，膨大な量の水が存在しているが，水資源としておもに利用している地下水や地表水などの淡水は極めて少ない．

地下水，地表水は，水の循環過程のなかで降水によって補給を受けている．したがって，水資源を量的に捉える場合，降水量は重要な指標となる．表1.4に，世界の主要な国々の年降水量と人口一人あたりの年降水総量などを示す．この表に示したなかでは，年降水量は熱帯雨林気候に属するインドネシアが最も多く，また，エジプトが最も少なくなっている．

表1.4　世界各国の降水量など[2]

国　名	人口 [千人]	面積 [千 km^2]	平均降水量 [mm/年]	年降水総量 [km^3/年]	人口一人あたり年降水総量 [m^3/(年・人)]
オーストラリア	24 450	7 741	534	4 134	169 072
カナダ	36 624	9 985	537	5 362	146 400
ニュージーランド	4 706	268	1 732	464	98 528
スウェーデン	9 911	447	624	279	28 170
アメリカ	324 459	9 832	715	7 030	21 665
世界	7 545 618	134 108	1 171	156 995	20 806
インドネシア	263 991	1 914	2 702	5 170	19 586
タイ	69 038	513	1 622	832	12 055

表 1.4　世界各国の降水量など（続き）[2]

国　名	人口 [千人]	面積 [千 km²]	平均降水量 [mm/年]	年降水総量 [km³/年]	人口一人あたり年降水総量 [m³/(年・人)]
オーストリア	8 735	84	1 110	93	10 659
ルーマニア	19 679	238	637	152	7 717
スイス	8 476	41	1 537	63	7 487
フランス	64 980	549	867	476	7 326
スペイン	46 354	506	636	322	6 942
フィリピン	104 918	300	2 348	704	6 714
日本	127 484	378	1 668	630	4 945
イラン	81 163	1 745	228	398	4 902
イギリス	66 182	244	1 220	297	4 491
中国	1 441 131	9 600	645	6 192	4 297
イタリア	59 360	301	832	251	4 224
サウジアラビア	32 938	2 150	59	127	3 851
インド	1 339 180	3 287	1 083	3 560	2 658
シンガポール	5 709	1	2 497	2	314
エジプト	97 553	1 001	18	18	186

人口一人あたりの年降水総量でみると，人口密度の小さいオーストラリアが最も多く，また，シンガポールが最も少なくなっている．降水は国や地域，季節などによって大きく変動し，またそのなかには大気へ蒸発するものや地下深層へ浸透するものがあることから，全量を水資源として利用することは極めて難しい．実際には，降水総量のなかのわずかな量を利用しているにすぎない．このことが，各国における水資源の利用状況を複雑化し，また，厳しいものとしている．

日本は，古くから稲作が盛んに行われてきており，水の豊富な国と考えられてきた．たしかに，四方を海に囲まれ，アジアモンスーン地帯に位置しているわが国は，世界の平均の約 1.4 倍の年降水量がある．しかし，人口一人あたりの年降水総量は，世界平均の約 1/4 程度となっている．

また，水利用の面からみると，降水量や河川流量は年間を通して均一であることが望ましいが，わが国は，国土が細長く中央に高い山脈があり，河川勾配が極めて急となっていること，さらに，降水は台風期と梅雨期に集中していることから，河川流量の変動が極めて大きい．表 1.5 に，世界および日本の河川の河況係数（河川のある地点の最大流量と最小流量の比）を示す．日本の河川は，世界のほかの河川と比較して

表1.5　河況係数（最大流量/最小流量）の比較[3]

河川名		地点名	河況係数
アメリカ	ミシシッピ川	セントルイス	3
	ミズーリ川	スーシティ	176
	オハイオ川	シビクリー	319
ヨーロッパ	テムズ川	ロンドン	8
	セーヌ川	パリ	34
	ローヌ川	サンモリス	35
	ガロンヌ川	ツールーズ	167
	ライン川	バーゼル	18
	ドナウ川	ウィーン	4
	エルベ川	ドレスデン	82
	オーデル川	プロツラフ	111
アフリカ	ナイル川	カイロ	30
日本	利根川	栗橋	1782
	最上川	堀内	423
	木曽川	犬山	384
	淀川	枚方	114
	筑後川	瀬ノ下	8671

0　100　200　300　400　500　1700　1800　8600　8700

流量変動が大きいということがわかる.

以上のように，日本は，年降水量は多いものの，人口一人あたりが実際に利用できる水資源を考えると，世界的にみても決して多くはない状況にある.

このような状況のなかで，日本の水資源開発は，その初期の段階においては，地域の局部的な水需要に対応する形で進められてきた．しかし，その後水需要の増大にともない，広域的な水需要に対応するための大規模な水資源開発が必要となり，水資源開発促進法（昭和36年11月13日法律第217号）が制定され，水需給のひっ迫した地域について合理的かつ広域的水資源開発を行うため，水資源開発基本計画が定められた．これまで，利根川，荒川，豊川，木曽川，淀川，吉野川，筑後川が水資源開発水系として指定され，それぞれ基本計画が定められている.

●研究課題

1.1　近代水道の特徴について述べよ.

1.2　都市における水道の役割について述べよ.

第2章

上水道計画

水道は，都市の基盤施設として重要な位置を占めている．水道が都市活動において担う役割は極めて大きく，水道の社会的責任が以前にも増して重視されてきている．

水道法の基本理念において，水道事業者は，合理的な経営をもとに低廉な料金で衛生上安全で必要量の水を適正な水圧で供給することによって，公衆衛生の向上と生活環境の改善に資することを求められている．

上水道の基本計画は，水道事業の基本であり，将来の水需要を的確に予測し，それにもとづく水道の計画的整備についての基本的な諸元を明らかにするものである．

2.1 基本要件

上水道の計画策定にあたっては，今後の水源開発の状況や将来の原水水質の動向を把握するとともに，広域的，長期的な視点から地域の総合開発や長期的計画との関連を考慮に入れる必要があり，総合的かつ綿密な検討が要求される．

基本計画策定にあたっての留意点は下記の事項があげられる．

① 衛生的に安全な必要量の水を計画年次にいたるまで，必要な地域に常時安定して供給できること．

② 施設総体としての合理性，安全性，信頼性をもつとともに，施設の計画的な更新や改造が可能となるように，施設能力にある程度のゆとりをもつこと．また，維持管理の容易性が配慮されていること．

③ 事故時や渇水時にも可能なかぎりの給水が確保されるように，ある程度の余裕を備えていること．

④ 水道の整備に関する総合的な計画に整合しているとともに，関連する水道事業および水道用水供給事業の計画との調整が図られていること．

2.2 計画策定の手順と基本水量の決定

上水道の基本計画の策定は，通常，図2.1のような手順で行う．このうち，基礎と

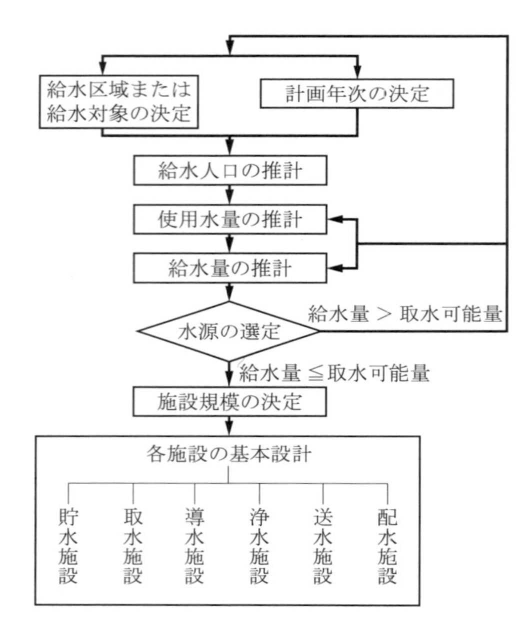

図2.1　計画策定手順［日本水道協会：水道施設設計指針・解説（1977年版），p.5，図-1.2，日本水道協会，1977.］

なるのは，計画給水量とそれによる施設規模であり，前提として計画年次，計画給水区域，計画給水人口を事前に決定しておかなければならない．この決定にあたっては，2.1節で説明した基本要件を参考にして行う．

2.2.1　計画年次

計画年次は，水道施設の規模を決定するうえで必要な目標年次であり，将来の水需要の動向，水源確保の見通し，あるいは社会の経済状況や財政見通し，建設費，維持費，施設の耐用年数などを考慮して，できるだけ長期とすることが望ましい．このため，計画策定時より10～20年程度を標準とする．社会的，経済的事情の変動が激しく，将来の水需要の把握が困難な場合には，短期の計画年次とすることもあるが，やむを得ない事情のほかは避けなければならない．

2.2.2　計画給水区域

計画給水区域は，計画年次までに配水管を布設し，給水しようとする区域である．その区域の決定にあたっては，水道のもつ社会的役割の重要性を考慮し，努めて広域的な視点から給水区域を決定する配慮が必要である．このため，地域の総合開発計画や土地の利用状況，人口の配置状況などからみて合理的な範囲を定めるとともに，施設の建設，配水管の布設，維持管理などに要する費用に対する十分な配慮が必要である．

2.2.3　計画給水人口

計画給水人口は，計画年次における計画給水区域内の将来人口に計画給水普及率をかけて決定する．

将来人口の推計方法には，おもに以下のものがある．

（1）時系列傾向分析による方法

人口総数，人口密度，人口増減率などの人口に関する指標の過去実績の傾向分析を行い，これに回帰式（直線，高次曲線，修正指数曲線，ロジスティック曲線など）を当てはめ，将来の人口を予測する方法である．

（2）要因別分析による方法

① 要因法：人口の変動要因である出生数（率），死亡数（率），移動数（率）を推計し，推計の基準年の人口にこれらを加減して人口総数を計算する方法である．

② コーホート要因法：コーホートとは，同年（または同期間）に出生した集団のことをいう．このコーホートごとに自然増加（出生－死亡）と，社会増加（転入－転出）といった人口変動要因を考慮して人口構成の変化を男女，年齢別に予測する方法である．この方法は，地域の人口構造や人口動向の特徴を比較的正確に反映でき，地域人口の予測に適しているため，現在，人口予測方法の主流となっている．

なお，各自治体においては，将来の総合的な計画策定の一環として，行政区域内の将来人口を定めているのが一般的である．したがって，水道事業者は，その属する自治体の将来の行政区域内の将来人口予測値を参考にすることが望ましい．

2.3　計画給水量

計画給水量は，水道施設規模の決定因子であるとともに，水道事業運営上の財政計画の基礎となるものであり，事業の基本方針に大きな影響を与える．的確な計画給水量の予測は，水道のサービス水準の計画的な向上と，安定給水の確保をめざした水道システムの構築に不可欠である．

計画給水量は，過去の使用水量（＝有収水量：料金もしくはこれに準じるものの対象となった水量）を用途別に把握し，同規模のほかの事業体の実績を分析したうえで，各用途の将来水量をできるかぎり合理的かつ科学的に推計し，これらの総和をもとに算出する．

給水量と使用水量などの構成要素の関係は，図 2.2 のようになる．

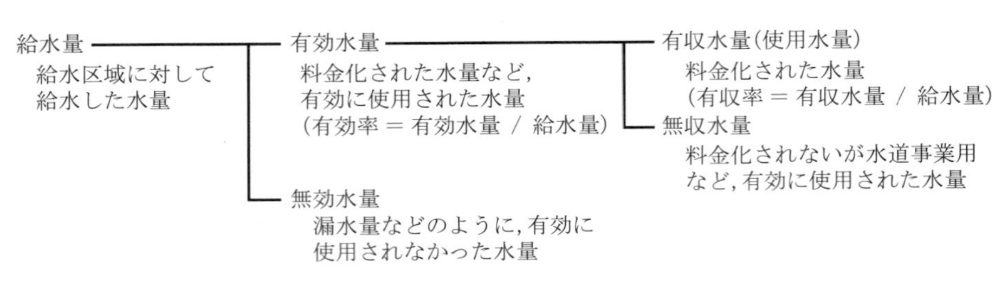

図 2.2　給水量，有効水量，有収水量関係図

2.3.1　計画給水量の算出方法

水道施設の規模は，計画年次における給水量が最大となった日においても対応が可能なように，計画一日最大給水量をもって計画する．この計画一日最大給水量は，まず計画一日平均使用水量を推計し，これを計画有収率で割って計画一日平均給水量を求め，さらにそれを計画負荷率で割って算出する．計画給水量の算出手順は図 2.3 のようになる．計画有収率や計画負荷率は，それぞれの水道事業の特性や過去の実績を踏まえて定める．

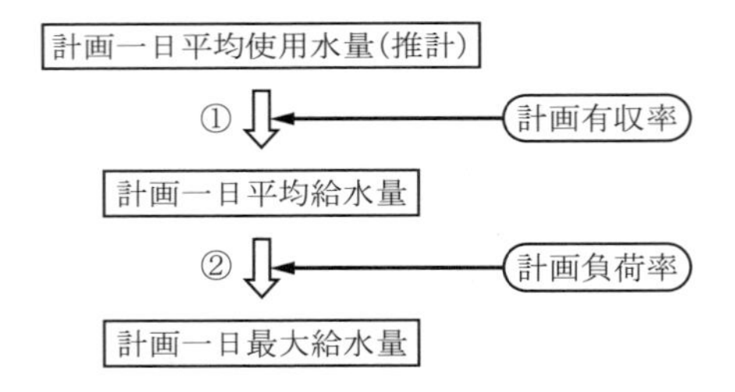

①計画一日平均給水量 = 計画一日平均使用水量（推計）/ 計画有収率
②計画一日最大給水量 = 計画一日平均給水量 / 計画負荷率

図 2.3　計画給水量の算出手順

計画有収率の代わりに計画有効率を使用する場合は，計画一日平均使用水量に無収水量としての水道事業用水量やメータ不感水量などを加算した計画有効水量を用いる．

2.3.2　有効率，負荷率について

有効率については，近年になっての水源開発の困難性，貴重な水資源の有効利用の観点から，その率の向上のため，水道の漏水防止対策のいっそうの強化が要請されてきている．厚生省の通達「水道用水の有効利用の推進について」（平成 2 年 11 月 2 日衛水第 282 号）では，このような背景のなかで，現状の有効率が 90％未満の水道事業体にあっては，早急に 90％に達するよう，90％以上の事業体にあっては，95％程度の

表 2.1 現在給水人口と有収率に対する上水道事業数の規模別分布（2018 年度）[1]

給水人口［万人］ / 有収率［%］	0.1未満	0.1〜0.2未満	0.2〜0.3未満	0.3〜0.5未満	0.5〜1未満	1〜2未満	2〜3未満	3〜5未満	5〜10未満	10〜20未満	20〜30未満	30〜50未満	50〜100未満	100以上	合計［箇所］	構成比［%］
50 未満	6	0	1	1	0	1	0	0	0	0	0	0	0	0	9	0.7
50〜55 未満	0	0	0	0	1	0	1	0	0	0	0	0	0	0	2	0.2
55〜60 未満	1	1	2	1	4	4	0	0	0	0	0	0	0	0	13	1.0
60〜65 未満	0	1	0	2	8	8	4	2	1	0	0	0	0	0	26	2.0
65〜70 未満	2	0	0	4	19	14	6	1	0	0	1	0	0	0	47	3.5
70〜75 未満	0	0	1	8	29	29	8	12	5	1	0	1	0	0	94	7.1
75〜80 未満	0	0	0	9	35	56	21	22	18	4	0	0	0	0	165	12.4
80〜85 未満	0	0	1	14	41	46	40	50	37	17	3	3	0	0	252	18.9
85〜90 未満	1	0	1	9	37	48	39	49	42	31	13	11	4	0	285	21.4
90〜95 未満	0	0	0	2	22	30	24	46	69	55	10	17	8	10	293	22.0
95〜100	3	1	0	6	20	21	11	14	26	24	5	9	0	4	144	10.8
合 計	13	3	6	56	216	257	154	196	198	132	32	41	12	14	1330	100.0
最 大	100.0	100.0	86.0	100.0	100.0	100.0	100.0	98.9	98.9	97.8	98.4	97.5	94.0	96.5	100.0	
最 小	29.6	56.1	38.1	36.2	53.8	47.6	53.1	62.2	64.9	73.9	69.8	74.5	87.6	90.7	29.6	
平 均	64.3	73.1	66.0	80.4	81.0	81.7	84.0	85.7	88.0	90.3	89.7	91.4	90.4	93.6	89.9	
標準偏差	24.0	19.2	16.4	11.5	10.1	9.5	8.2	7.0	6.3	5.1	5.3	4.5	1.8	1.8		

集計数 1330，太枠は全国平均

目標値を設定するように指導してきた．表 2.1 に全国の水道事業体の規模別の有収率の分布を示す．

負荷率は，給水量の変動の大きさを示すものであり，都市の規模によって変化するほか，都市の性格，気象条件などによっても左右される．一日最大給水量は，曜日，天候による水使用状況によって大きく影響を受け，時系列的傾向があるものとはいえない．このため，負荷率の設定にあたっては，過去の実績値や，気象，渇水などによる変動条件にも十分留意して検討する．将来の負荷率を推計できない場合は，同規模のほかの都市を参考としたり，過去の最低値を採用したりする．

2.3.3 水需要の予測方法

水需要は，地域の発展などの特性や節水，水の循環利用，地下水利用などの動向に影響されるので，予測方法として画一的な方法は存在しない．簡単な方法でよく適応した事例もあり，地域特性や都市形態などからその地域に最も適合した手法を採用するのが望ましい．

予測方法としては，大別するとマクロ的予測手法とミクロ的予測手法に分けられる．具体的な手法を列記すると次のようになる．

（1）時系列傾向分析による方法

過去の使用水量実績を時系列的に分析して，その傾向が今後も続くものとし，実績のすう勢に最もよく当てはまる曲線を選択し，その曲線を延長することにより予測する方法である．この方法は，水需要が将来も実績区間と同様の傾向で推移すると予想される場合に適切な方法である．時系列傾向分析では，年平均増減数，年平均増減率，修正指数曲線式，べき曲線式，ロジスティック曲線式などを用いる．

（2）回帰分析による方法

過去の水需要のデータをもとに統計的手法により，水使用の変動に関係が深い説明変数（人口，世帯構成人員，所得，就業者数，製造品出荷額など）を選び，回帰モデルをつくり，その説明変数の将来値を与えて予測する方法である．

この方法は，時系列傾向分析と同様に，過去のデータのみに依存しているため，将来，社会経済に大きな変化が生じないという仮定を必要とする．また，過去の節水施策や節水意識による変動が，将来にわたって継続することを前提としているため，将来新たな施策が導入された場合の水需要に与える効果を取り込むことが難しい．さらに，冷夏などの異常気象も過去の傾向に含まれてしまう．したがって，より正確に予測するには，これらの影響をあらかじめ取り除いておく工夫や，将来の施策の効果を別の方法を用いて算出し，補正するなどの工夫が必要である．

回帰分析のうち，説明変数が一つの場合を単回帰分析といい，$Y = a + bX$（たとえば，Y：生活用使用水量，X：所得）で表され，説明変数が二つ以上の場合を重回帰分析といい，$Y = a + bX_1 + cX_2 + \cdots$（たとえば，$Y$：生活用使用水量，$X_1$：所得，$X_2$：給水人口，…）で表される．また，これらのような線形回帰分析のほかに，回帰式が1次式以外の式，たとえば $Y = a + bX + cX^2$ などで表される非線形回帰分析も用いられる．

これを地域特性によりいくつかのグループに分ける場合は主成分分析によりグループに分割し，それぞれ回帰分析を行うことになる．

重回帰モデルの決定にあたっては，式の符号条件，決定係数，t 値，F 値などを考慮して最も妥当と思われるモデルを選択しなければならない．

（3）原単位積み上げによる方法

各用途ごとの使用水量の実績を分析し，一人一日（一件一日）あたりの使用水量（原単位）の将来値を推定し，これに計画給水人口や計画給水件数をかけて将来水量を求める方法である．この原単位の推定には，世帯構成人員の減少の影響，経済成長にともなう生活水準の向上による増加水量や，業務，営業用水および工場用水の設備改善による減少水量を加味する必要がある．このため，水使用の実態調査を行い，水使用行動や水使用機器の普及状況から将来の傾向を把握しておくことが望ましい．

（4）目的別需要量積み上げによる方法

水の需要構造を考えて，需要量を構成する需要要素（目的）ごとに将来の需要量を予測する方法である．この方法によれば，世帯構成人員の減少，節水の進行などの社会動向の変化による水需要の変動にも対応することができる．したがって，この方式による場合は，事前に綿密な実態調査やアンケート調査を行い，世帯規模別の使用水量の水使用実態，水使用機器の保有状況，使用目的別の水使用行動，節水意識と節水行動，企業の合理的水使用の状況などを分析しておく必要がある．

この方式の予測モデルは，式の構造からその内容が比較的理解されやすいが，原単位をどのように決定するかが問題である．たとえば，生活用水の洗濯についていえば，下記のように設定できる．

洗濯[L/日]＝洗濯基礎水量[L/(世帯・回)]×洗濯回数［回/日］
×洗濯機普及率×給水世帯［世帯］

（5）その他の方法

① 多変量解析による方法：多変量解析法とは，互いに相関のある多変量のデータがもつ特徴を要約し，かつ所要の目的（予測したい変数）に応じて総合するための手法である．おもな方法には，（2）で説明した重回帰分析，定性的な要因に関する情報に基づいて，定量的な値を予測する手法である数量化1類などがある．多変量解析法は，コンピュータの発展と普及にともなって，その応用はめざましく広がり，現在では予測方法の主流になろうとしている．

② システム・ダイナミックス（SD）による方法：システム・ダイナミックスは，社会経済構造をシステムとしてとらえ，システムの構成要素の相互関連を総合的に分析して因果関係を記述したモデルを定式化し，その挙動や変化をシミュレーションすることによって予測する方法である．

2.4 水源と施設配置

2.4.1 水源の選定

水源における水量と水質は，水道計画における基本的要素である．

水源は，地表水と地下水に大別され，日本の水道における構成比は図2.4のようになっている．近年，地盤沈下防止対策として地下水取水は削減の方向にある．そのた

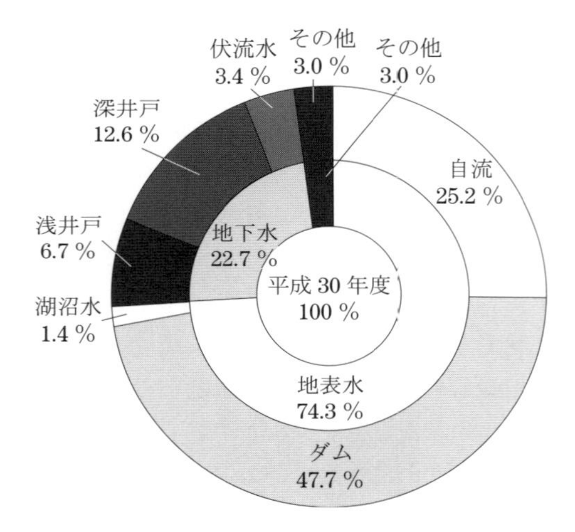

図 2.4　水源別構成比[1]

め，地表水の占める割合が多くなってきており，現在約 70％を地表水が占めるようになっている．

地表水のうち，河川水の開発については，河川流量についておおむね 10 年に 1 回生じると予測される規模の渇水年（基準渇水年）の河川流量（基準渇水流量）を基準に河川水利用の秩序が維持されており，これにより水資源開発計画がたてられている．

地下水については，地盤沈下や水質汚染のおそれがあるため，利用にあたっては十分に注意が必要だが，地下水は貴重な水資源であり，支障のない範囲でその有効活用を図っていくことも大切である．

地表水の水質については，河川，湖沼水の環境基準が公布されており，自然環境保全，水道などの利水目的に対応させて基準値が設定されている．このなかで，水道の原水については，河川水は類型 AA，A，B，湖沼水は類型 AA，A を利用できるとしている．

地表水を水源とする場合は，将来の水質動向を予測することが重要である．このため，できるだけ長期にわたる汚濁動向予測の調査を行う必要がある．この場合，流域別下水道整備総合計画などとの整合性を図る必要がある．このとき，下水処理方式の相違による影響も注意しなければならない．

また，河川水質動向の把握や環境基準の対象流量と水道の取水実態の適合性（環境基準の対象流量は年 25％超過確率値であり，年間を通してみると，水質がこれよりも悪化する場合もある．水道としてはその場合でも給水確保のため取水する場合がある）にも注意を要する．湖沼水を水源とする場合は富栄養化の動向を把握しなければならない．

2.4.2　地形と施設計画（配置計画）

水道の施設計画においては自然流下式を基本とし，とくに導水，浄水施設については維持管理上地勢を極力有利に使用することが望ましい．配水施設についても，ライフライン確保上できるだけ自然流下にするのが望ましいが，都市部ではポンプ加圧並びに併用方式が多くなってきている．この水道施設の配置については，経済性，維持管理の容易性，効率性，安定性，将来の都市の発展の可能性などを考慮する必要がある．

取水施設から配水施設にいたる水道施設の一般的な構成を図 2.5 に示す．

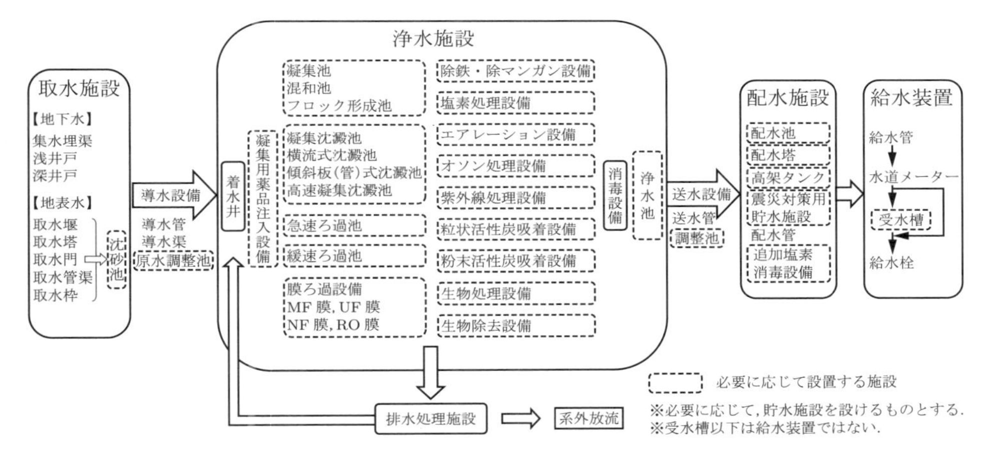

図 2.5　水道施設の一般的な構成［日本水道協会：水道施設設計指針（2012 年版），p. 35，図-1.3.1，日本水道協会，2012.］

浄水施設の建設用地選定にあたっては，下記のことを考慮しなければならない．

① 導水，送水の安全性と経済性
② 動力，薬品の搬入，浄水汚泥の処分の便宜性，経済性
③ 洪水，地震災害からの安全性
④ 立地，地域環境の良好さ（飲料水製造のイメージ）
⑤ 将来の拡張の可能性

2.4.3　水質と浄水方法の決定

浄水方法は，塩素消毒のみの方式，緩速ろ過方式，急速ろ過方式，高度浄水処理，その他の処理を含む方式に分けられる．

浄水方式の検討にあたっては，原水水質，計画浄水量，用地の取得，建設費，維持

管理費用，維持管理の難易，管理水準を考慮して最小の経費で安全確実な浄水が得られることを念頭において決めなければならない．

このうち，浄水方法の決定に最も影響を与えるのが原水の水質であり，2.4.1項で記したように，できるだけ長期的に水質の動向を予測するとともに最も水質の低下した場合でも安定的に処理できるように浄水方法を決定する必要がある．水道法第7条による認可申請の工事設計書に記載すべき水質試験の結果については，水質が最も低下する時期の試験結果としている（施行規則第3条）のはこの主旨からのものである．

原水の水質による浄水方法選定についての目安を表2.2に示す．

表2.2　浄水方法の選定の目安[4]

<table>
<tr><th>浄水方法</th><th>原水の水質</th><th colspan="2">処理法</th><th>摘　要</th></tr>
<tr><td>塩素消毒のみの方式</td><td>①大腸菌群
50 MPN†/100 mL 以下
②一般細菌（1 mL）500 以下
③ほかの項目は水質基準に常に適合する
④クリプトスポリジウムの汚染のおそれがないこと</td><td colspan="2">消毒設備のみとすることができる</td><td></td></tr>
<tr><td rowspan="3">緩速ろ過方式</td><td rowspan="3">①大腸菌群
1000 MPN/100 mL 以下
②生物化学的酸素要求量（BOD）2 mg/L 以下
③最高濁度 10 度以下</td><td rowspan="3">緩速ろ過池</td><td>沈殿池不要</td><td>最高濁度 10 度以下</td></tr>
<tr><td>普通沈殿池</td><td>最高濁度 10～30 度</td></tr>
<tr><td>薬品処理可能な沈殿池</td><td>最高濁度 30 度以上</td></tr>
<tr><td>急速ろ過方式</td><td>上記以外</td><td>急速ろ過池</td><td>薬品沈殿池
高速凝集沈殿池</td><td>①濁度最低 10 度前後，最高約 1000 度以下，変動の幅が極端に大きくないこと
②処理水量の変動が少ないこと</td></tr>
<tr><td>膜ろ過方式</td><td>懸濁物質，細菌類を除いては，水質基準に適合していることが望ましい</td><td colspan="2">膜ろ過および消毒設備を基本に構成し，必要に応じて前処理，後処理，排水処理のための設備を付加する</td><td></td></tr>
<tr><td rowspan="5">高度浄水処理，その他の処理を含む方式</td><td>異臭味</td><td colspan="2">発生原因生物除去，エアレーション，活性炭処理，塩素処理，オゾン処理</td><td></td></tr>
<tr><td>色度</td><td colspan="2">凝集処理，活性炭処理，オゾン処理</td><td></td></tr>
<tr><td>界面活性剤，フェノールなど</td><td colspan="2">活性炭処理，オゾン処理</td><td></td></tr>
<tr><td>侵食性遊離炭素</td><td colspan="2">エアレーション，アルカリ処理</td><td></td></tr>
<tr><td>pH 調整（pH 低く浸食性）</td><td colspan="2">アルカリ処理</td><td></td></tr>
</table>

表 2.2　浄水方法の選定の目安（続き）[4]

浄水方法	原水の水質	処理法	摘　要
高度浄水処理，その他の処理を含む方式	鉄	前塩素処理，エアレーション，pH 調整，鉄バクテリア法	
	マンガン	①［酸化］+［凝集沈殿］+［砂ろ過］，前塩素処理，（過マンガン酸カリウム処理，オゾン処理） ②接触ろ過法，マンガン砂ろ過，二段ろ過 ③鉄バクテリア法	（　）はあまり使用されていない
	フッ素	活性アルミナ法，骨炭処理，電解法	
	生物	薬品［硫酸銅，塩素，塩化銅］処理，二段ろ過，マイクロストレーナ	

† most probable number の略で，液体培地を用いて細菌数を確率的に算出する方法（最確値法）により得られた推定値.

●研究課題

2.1　近くの水道事業をとりあげ，水道施設の配置や将来計画などについて調査してみよう.

第3章 水質基準

水質は，水道に求められる最も基本的で重要な要件の一つである．そして，水道によって供給される水が備えなければならない水質上の要件を規定したのが水質基準である．

近代水道は，コレラなどの水系感染症を防ぐことからはじまったが，現在では，水系感染症関連の項目に加えて，急性毒性物質，発がん性物質，臭気関連物質など，数多くの化学物質が水質基準の項目になっている．科学的知見の蓄積，分析技術の進歩，安全でおいしい水への強い要求などを背景に，水質基準は継続的に見直しが行われ，充実，強化されている．

3.1 水道水の水質基準

3.1.1 水質基準の意義

水道水は飲用その他のさまざまな目的に利用されることから，その水質は，次の二つの基本的要件を満たす必要がある．

① 衛生的に安全であること：一時的に摂取した場合だけでなく，生涯にわたって連続的に摂取した場合でも，人の健康に障害が生じるものであってはならない．

② 生活利用上，水道施設管理上に，障害が生じるおそれのないこと：家庭生活などでの利用上，不快感や不安感を与えるおそれのある色，濁り，悪臭などがあってはならない．また，配水管や給水管を腐食するなど，水道施設の管理上で障害を生じるおそれがあるものであってはならない．

水道水の水質基準とは，水道水がこれらの基本的要件を満たすものとするため，その水質について必要な項目ごとに定められた基準をいう．

3.1.2 わが国の水質基準など

わが国では，水道法によって水道水の水質に関する事項が規定されており，その水質基準に関して必要な事項は，厚生労働省令で定めることとされている（水道法第4条）．この規定にもとづく水質基準は，昭和33年に最初に制定され，その後4回にわたる改正を経た後，最新の知見や国際的動向にもとづく大幅な見直しが行われ，平成

15年5月30日に新たな水質基準が公布された（平成16年4月1日施行）．また，これに併せ，水質基準を補完する項目として，水質管理目標設定項目の目標値が厚生労働省通知（平成15年10月10日）により設定された．さらに，水質基準項目および水質管理目標設定項目のいずれにも分類できない項目として，要検討項目が厚生労働省通知（平成16年1月22日）により設定された．項目，基準値などは科学的知見にもとづいて逐次改正されている．また，2012年5月に利根川水系の浄水場でホルムアルデヒドが検出された事故を受け，浄水処理対応困難物質が通知された（平成27年3月6日）．

2021年4月末時点における，水質基準項目，水質管理目標設定項目，要検討項目，浄水処理対応困難物質をそれぞれ表3.1〜3.4に示す．

表3.1 水質基準項目（51項目）

	項目名	基準値	検査方法	備考
1	一般細菌	1 mLの検水で形成される集落数が100以下であること	標準寒天培地法	病原生物の指標
2	大腸菌	検出されないこと	特定酵素基質培地法	
3	カドミウムおよびその化合物	0.003 mg/L以下	フレームレス－原子吸光光度法，誘導結合プラズマ－発光分光分析法（以下「ICP法」という），誘導結合プラズマ－質量分析法（以下「ICP－MS法」という）	無機物質，重金属
4	水銀およびその化合物	0.0005 mg/L以下	還元気化－原子吸光光度法	
5	セレンおよびその化合物	0.01 mg/L以下	フレームレス－原子吸光光度法，ICP－MS法，水素化物発生－原子吸光光度法，水素化物発生－ICP法	
6	鉛およびその化合物	0.01 mg/L以下	フレームレス－原子吸光光度法，ICP法，ICP－MS法	
7	ヒ素およびその化合物	0.01 mg/L以下	フレームレス－原子吸光光度法，ICP－MS法，水素化物発生－原子吸光光度法，水素化物発生－ICP法	
8	六価クロム化合物	0.02 mg/L以下	フレームレス－原子吸光光度法，ICP法，ICP－MS法	
9	亜硝酸態窒素	0.04 mg/L以下	イオンクロマトグラフ（陰イオン）法	
10	シアン化物イオンおよび塩化シアン	0.01 mg/L以下	イオンクロマトグラフ－ポストカラム吸光光度法	

表3.1　水質基準項目（51項目）（続き）

	項目名	基準値	検査方法	備　考
11	硝酸態窒素および亜硝酸態窒素	10 mg/L 以下	イオンクロマトグラフ(陰イオン)法	無機物質,重金属
12	フッ素およびその化合物	0.8 mg/L 以下	イオンクロマトグラフ(陰イオン)法	
13	ホウ素およびその化合物	1.0 mg/L 以下	ICP 法，ICP－MS 法	
14	四塩化炭素	0.002 mg/L 以下	パージ・トラップ－ガスクロマトグラフ－質量分析法（以下「PT－GC－MS 法」という），ヘッド・スペース－ガスクロマトグラフ－質量分析法(以下「HS－GC－MS 法」という)	一般有機化学物質
15	1,4-ジオキサン	0.05 mg/L 以下	固相抽出－GC－MS 法，PT－GC－MS 法，HS－GC－MS 法	
16	シス-1,2-ジクロロエチレンおよびトランス-1,2-ジクロロエチレン	0.04 mg/L 以下	PT－GC－MS 法，HS－GC－MS 法	
17	ジクロロメタン	0.02 mg/L 以下	PT－GC－MS 法，HS－GC－MS 法	
18	テトラクロロエチレン	0.01 mg/L 以下	PT－GC－MS 法，HS－GC－MS 法	
19	トリクロロエチレン	0.01 mg/L 以下	PT－GC－MS 法，HS－GC－MS 法	
20	ベンゼン	0.01 mg/L 以下	PT－GC－MS 法，HS－GC－MS 法	
21	塩素酸	0.6 mg/L 以下	イオンクロマトグラフ法	消毒副生成物
22	クロロ酢酸	0.02 mg/L 以下	溶媒抽出－誘導体化－GC－MS 法，液体クロマトグラフ－質量分析法（以下「LC－MS 法」という）	
23	クロロホルム	0.06 mg/L 以下	PT－GC－MS 法，HS－GC－MS 法	
24	ジクロロ酢酸	0.03 mg/L 以下	溶媒抽出－誘導体化－GC－MS 法，LC－MS 法	
25	ジブロモクロロメタン	0.1 mg/L 以下	PT－GC－MS 法，HS－GC－MS 法	
26	臭素酸	0.01 mg/L 以下	イオンクロマトグラフ－ポストカラム吸光光度法，LC－MS 法	
27	総トリハロメタン	0.1 mg/L 以下	PT－GC－MS 法，HS－GC－MS 法	
28	トリクロロ酢酸	0.03 mg/L 以下	溶媒抽出－誘導体化－GC－MS 法，LC－MS 法	
29	ブロモジクロロメタン	0.03 mg/L 以下	PT－GC－MS 法，HS－GC－MS 法	
30	ブロモホルム	0.09 mg/L 以下	PT－GC－MS 法，HS－GC－MS 法	
31	ホルムアルデヒド	0.08 mg/L 以下	溶媒抽出－誘導体化－GC－MS 法，誘導体化－LC－MS 法，誘導体化－高速液体クロマトグラフ法（以下「HPLC 法」という）	

表 3.1　水質基準項目（51 項目）（続き）

	項目名	基準値	検査方法	備　考
32	亜鉛およびその化合物	1.0 mg/L 以下	フレームレス－原子吸光光度法，フレーム－原子吸光光度法，ICP 法，ICP－MS 法	
33	アルミニウムおよびその化合物	0.2 mg/L 以下	フレームレス－原子吸光光度法，ICP 法，ICP－MS 法	
34	鉄およびその化合物	0.3 mg/L 以下	フレームレス－原子吸光光度法，フレーム－原子吸光光度法，ICP 法，ICP－MS 法	色関連項目
35	銅およびその化合物	1.0 mg/L 以下	フレームレス－原子吸光光度法，フレーム－原子吸光光度法，ICP 法，ICP－MS 法	
36	ナトリウムおよびその化合物	200 mg/L 以下	フレームレス－原子吸光光度法，フレーム－原子吸光光度法，ICP 法，ICP－MS 法，イオンクロマトグラフ（陽イオン）法	味関連項目
37	マンガンおよびその化合物	0.05 mg/L 以下	フレームレス－原子吸光光度法，フレーム－原子吸光光度法，ICP 法，ICP－MS 法	色関連項目
38	塩化物イオン	200 mg/L 以下	イオンクロマトグラフ（陰イオン）法，滴定法	
39	カルシウム，マグネシウムなど（硬度）	300 mg/L 以下	フレーム－原子吸光光度法，ICP 法，ICP－MS 法，イオンクロマトグラフ（陽イオン）法，滴定法	味関連項目
40	蒸発残留物	500 mg/L 以下	重量法	
41	陰イオン界面活性剤	0.2 mg/L 以下	固相抽出－HPLC 法	発泡
42	ジェオスミン	0.00001 mg/L 以下	PT－GC－MS 法，HS－GC－MS 法，固相抽出－GC－MS 法，固相マイクロ抽出－GC－MS 法	臭気関連項目
43	2-メチルイソボルネオール	0.00001 mg/L 以下	PT－GC－MS 法，HS－GC－MS 法，固相抽出－GC－MS 法，固相マイクロ抽出－GC－MS 法	
44	非イオン界面活性剤	0.02 mg/L 以下	固相抽出－吸光光度法，固相抽出－HPLC 法	発泡
45	フェノール類	0.005 mg/L 以下	固相抽出－誘導体化－GC－MS 法，固相抽出－LC－MS 法	臭気関連項目
46	有機物（全有機炭素（TOC）の量）	3 mg/L 以下	全有機炭素計測定法	味関連項目
47	pH 値	5.8 以上 8.6 以下	ガラス電極法，連続自動測定機器によるガラス電極法	基礎的性状

表 3.1　水質基準項目（51 項目）（続き）

	項目名	基準値	検査方法	備　考
48	味	異常でないこと	官能法	基礎的性状
49	臭気	異常でないこと	官能法	
50	色度	5 度以下	比色法，透過光測定法，連続自動測定機器による透過光測定法	
51	濁度	2 度以下	比濁法，透過光測定法，連続自動測定機器による透過光測定法，積分球式光電光度法，連続自動測定機器による積分球式光電光度法，連続自動測定機器による散乱光測定法，連続自動測定機器による透過散乱法	

表 3.2　水質管理目標設定項目（27 項目）

	項目名	目標値	おもな検査方法	備　考
1	アンチモンおよびその化合物	0.02 mg/L 以下	水素化物発生－原子吸光光度法，水素化物発生－ICP 法，ICP－MS 法	無機物質，重金属
2	ウランおよびその化合物	0.002 mg/L 以下（暫定）	ICP－MS 法，固相抽出－ICP 法	
3	ニッケルおよびその化合物	0.02 mg/L 以下	フレームレス－原子吸光光度法，ICP 法，ICP－MS 法	
4	1,2-ジクロロエタン	0.004 mg/L 以下	PT－GC－MS 法，HS－GC－MS 法	一般有機化学物質
5	トルエン	0.4 mg/L 以下	PT－GC－MS 法，HS－GC－MS 法	
6	フタル酸ジ-2-エチルヘキシル	0.08 mg/L 以下	溶媒抽出－GC－MS 法	
7	亜塩素酸	0.6 mg/L 以下	イオンクロマトグラフ法，イオンクロマトグラフ－ポストカラム吸光光度法	消毒副生成物
8	二酸化塩素	0.6 mg/L 以下	イオンクロマトグラフ法，イオンクロマトグラフ－ポストカラム吸光光度法	消毒剤
9	ジクロロアセトニトリル	0.01 mg/L 以下（暫定）	溶媒抽出－GC－MS 法	消毒副生成物
10	抱水クロラール	0.02 mg/L 以下（暫定）	溶媒抽出－GC－MS 法	
11	農薬類	検出値と目標値の比の和として，1 以下	農薬ごとに定められた方法による	農薬
12	残留塩素	1 mg/L 以下	ジエチル-p-フェニレンジアミン法，電流法，吸光光度法，連続自動測定機器による吸光光度法，ポーラログラフ法	臭気関連項目

表 3.2　水質管理目標設定項目（27 項目）（続き）

	項目名	目標値	おもな検査方法	備　考
13	カルシウム，マグネシウムなど（硬度）	10 mg/L 以上 100 mg/L 以下	フレーム－原子吸光光度法，ICP 法，ICP－MS 法，イオンクロマトグラフ（陽イオン）法，滴定法	味関連項目
14	マンガンおよびその化合物	0.01 mg/L 以下	フレームレス－原子吸光光度法，フレーム－原子吸光光度法，ICP 法，ICP－MS 法	色関連項目
15	遊離炭酸	20 mg/L 以下	滴定法	味関連項目
16	1,1,1-トリクロロエタン	0.3 mg/L 以下	PT－GC－MS 法，HS－GC－MS 法	臭気関連項目
17	メチル-t-ブチルエーテル	0.02 mg/L 以下	PT－GC－MS 法，HS－GC－MS 法	
18	有機物など（過マンガン酸カリウム消費量）	3 mg/L 以下	滴定法	味関連項目
19	臭気強度（TON）	3 以下	官能法	臭気関連項目
20	蒸発残留物	30 mg/L 以上 200 mg/L 以下	重量法	味関連項目
21	濁度	1 度以下	比濁法，透過光測定法，連続自動測定機器による透過光測定法，積分球式光電光度法，連続自動測定機器による積分球式光電光度法，連続自動測定機器による散乱光測定法，連続自動測定機器による透過散乱法	基礎的性状
22	pH 値	7.5 程度	ガラス電極法，連続自動測定機器によるガラス電極法	腐食
23	腐食性（ランゲリア指数）	−1 程度以上とし，極力 0 に近づける	計算法（pH 値などから算出）	
24	従属栄養細菌	1 mL の検水で形成される集落数が 2000 以下（暫定）	R2A 寒天培地法	水道施設の健全性の指標
25	1,1-ジクロロエチレン	0.1 mg/L 以下	PT－GC－MS 法，HS－GC－MS 法	一般有機化学物質
26	アルミニウムおよびその化合物	0.1 mg/L 以下	フレームレス－原子吸光光度法，ICP 法，ICP－MS 法	色関連項目
27	ペルフルオロオクタンスルホン酸（PFOS）及びペルフルオロオクタン酸（PFOA）	PFOS 及び PFOA の量の和として，0.00005 mg/L 以下（暫定）	固相抽出－LC－MS 法	一般有機化学物質

表 3.3　要検討項目（46 項目）

	項目名	目標値	備　考
1	銀およびその化合物	—	金属
2	バリウムおよびその化合物	0.7 mg/L 以下	
3	ビスマスおよびその化合物	—	
4	モリブデンおよびその化合物	0.07 mg/L 以下	
5	アクリルアミド	0.0005 mg/L 以下	一般有機化学物質（浄水薬品由来）
6	アクリル酸	—	一般有機化学物質（資機材由来）
7	17-β-エストラジオール	0.00008 mg/L 以下（暫定値）	一般有機化学物質（ホルモン）
8	エチニル-エストラジオール	0.00002 mg/L 以下（暫定値）	
9	エチレンジアミン四酢酸（EDTA）	0.5 mg/L 以下	一般有機化学物質
10	エピクロロヒドリン	0.0004 mg/L 以下（暫定値）	一般有機化学物質（資機材由来）
11	塩化ビニル	0.002 mg/L 以下	
12	酢酸ビニル	—	
13	2,4-トルエンジアミン	—	
14	2,6-トルエンジアミン	—	
15	N,N-ジメチルアニリン	—	
16	スチレン	0.02 mg/L 以下	
17	ダイオキシン類	1 pgTEQ/L 以下（暫定値）	非意図的生成物質
18	トリエチレンテトラミン	—	一般有機化学物質（資機材由来）
19	ノニルフェノール	0.3 mg/L 以下（暫定値）	一般有機化学物質 （内分泌かく乱作用の疑い）
20	ビスフェノール A	0.1 mg/L 以下（暫定値）	
21	ヒドラジン	—	一般有機化学物質（資機材由来）
22	1,2-ブタジエン	—	
23	1,3-ブタジエン	—	
24	フタル酸ジ-n-ブチル	0.01 mg/L 以下	一般有機化学物質 （内分泌かく乱作用の疑い）
25	フタル酸ブチルベンジル	0.5 mg/L 以下	
26	ミクロキスチン-LR	0.0008 mg/L 以下（暫定値）	一般有機化学物質
27	有機すず化合物	0.0006 mg/L 以下[†]（暫定値）	一般有機化学物質 （内分泌かく乱作用の疑い）
28	ブロモクロロ酢酸	—	消毒副生成物
29	ブロモジクロロ酢酸	—	
30	ジブロモクロロ酢酸	—	
31	ブロモ酢酸	—	
32	ジブロモ酢酸	—	
33	トリブロモ酢酸	—	
34	トリクロロアセトニトリル	—	
35	ブロモクロロアセトニトリル	—	
36	ジブロモアセトニトリル	0.06 mg/L 以下	
37	アセトアルデヒド	—	
38	MX	0.001 mg/L 以下	
39	キシレン	0.4 mg/L 以下	一般有機化学物質
40	過塩素酸	0.025 mg/L 以下	無機物質
41	N-ニトロソジメチルアミン（NDMA）	0.0001 mg/L 以下	消毒副生成物
42	アニリン	0.02 mg/L 以下	一般有機化学物質
43	キノリン	0.0001 mg/L 以下	
44	1,2,3-トリクロロベンゼン	0.02 mg/L 以下	
45	ニトリロ三酢酸（NTA）	0.2 mg/L 以下	
46	ペルフルオロヘキサンスルホン酸 （PFH x S）	—	（一般有機化学物質なので，45 行目以前の項目と同様）

†　トリブチルスズオキサイドの目標値

表 3.4　浄水処理対応困難物質（14 物質）

	物質名	生成する水質基準等物質
1	ヘキサメチレンテトラミン	ホルムアルデヒド（塩素処理により生成）
2	1,1-ジメチルヒドラジン	
3	N,N-ジメチルアニリン	
4	トリメチルアミン	
5	テトラメチルエチレンジアミン	
6	N,N-ジメチルエチルアミン	
7	ジメチルアミノエタノール	
8	アセトンジカルボン酸	クロロホルム（塩素処理により生成）
9	1,3-ジハイドロキシルベンゼン（レゾルシノール）	
10	1,3,5-トリヒドロキシベンゼン	
11	アセチルアセトン	
12	2′-アミノアセトフェノン	
13	3′-アミノアセトフェノン	
14	臭化物（臭化カリウムなど）	臭素酸（オゾン処理により生成），ジブロモクロロメタン，ブロモジクロロメタン，ブロモホルム（塩素処理により生成）

（1）水質基準項目

水質基準項目は，健康に関連する項目と，水道水がもつべき性状に関連する項目とに大別され，前者は人の健康に障害を生じるおそれのある物質（あるいは微生物）31 項目（表 3.1 の 1 ～ 31）について，また後者は生活利用上あるいは水道施設管理上に障害を生じるおそれのある物質 20 項目（表 3.1 の 32 ～ 51）について，それぞれ基準値が定められている．水道法第 4 条にもとづく水質基準に関する省令では，水道水は水質基準に適合するものでなければならないとされている．

（2）水質管理目標設定項目

水質管理目標設定項目は，将来にわたって水道水の安全性の確保などに万全を期する見地から，水道事業者などが水質基準に係る検査に準じて，体系的，組織的な監視によりその検出状況を把握し，水道水質管理上留意すべき項目であり，27 項目に目標値が定められている．

表 3.2 の項目は，浄水中で一定の検出実績はあるが，毒性評価が暫定的なもの，または，現在は水質基準とする必要がないが，今後，評価値を超えて浄水中で検出される可能性があるものなどである．

このうち，農薬類については，個々の農薬ではなく，多種にわたる農薬の総量を管理しようとする総農薬方式を採用し，下記の式で与えられる検出指標値 DI が1を超えないこととしている．

$$DI = \sum_i \frac{DV_i}{GV_i}$$

ここに，DV_i：農薬 i の検出値，GV_i：農薬 i の目標値

測定を行う農薬については，検出状況や使用量などを考慮し，浄水で検出される可能性の高い114の農薬を選択し，目標値と検査方法を示している．

また，表3.2の12〜23，26の項目は，色，におい，味，濁り，腐食に関する項目で，より質の高い水道水を供給するために管理を行うことが必要なものである．このうち，13，14，20〜22，26の6項目は，水質基準項目にも含まれている項目であるが，より質の高い水道水という観点から，基準値よりも厳しい目標値が設定されている．

（3）要検討項目

要検討項目は，毒性評価が定まらない，または浄水中の存在量が不明などの理由から水質基準項目および水質管理目標設定項目のいずれにも分類できない項目である．今後，必要な情報，知見の収集に努めていくべきものであり，46項目が選択され，25項目に目標値が設定されている．

（4）浄水処理対応困難物質

2012年5月に利根川水系の浄水場においてホルムアルデヒドが基準値を超えて検出され，広範囲で取水停止や断水が発生する水質事故が発生した．その原因物質は，ホルムアルデヒドそのものではなく，塩素と反応してホルムアルデヒドを生成するヘキサメチレンテトラミンであった．このような事故を受け，平成27年3月，厚生労働省は新たに「浄水処理対応困難物質」を設定し，事故などにより原水に流入した場合に，塩素処理などでホルムアルデヒドまたはクロロホルムなどを生成するため，通常の浄水処理では対応が困難な物質として14の物質を通知した．これは水源の上流でこれらの物質を水源に排出する可能性のある事業者などに対し，これらの物質が水源に排出された場合，水質事故の原因となることを知らせ，注意を促すため，水道事業者などだけでなく，排出側を含めた関係者がこれらの物質に対して注意を払うことを目的としている．また，過去に水質事故の原因となった物質などにも注意が必要であることから，併せて通知されている．

（5）水道法施行規則および対策指針

水道水の水質に関しては（1）〜（4）で説明した諸項目以外に，水道法施行規則第17条により，残留塩素について，「給水栓における水が，遊離残留塩素を0.1 mg/L

（結合残留塩素の場合は 0.4 mg/L）以上保持するように塩素消毒をすること．ただし，供給する水が病原生物に著しく汚染されるおそれがある場合または病原生物に汚染されたことを疑わせるような生物もしくは物質を多量に含むおそれがある場合の給水栓における水の残留塩素は，0.2 mg/L（結合残留塩素の場合は 1.5 mg/L）以上とする」と定められている．

また，近年クリプトスポリジウム，ジアルジア，サイクロスポーラなどの病原性原虫による水系汚染が世界的に問題になっていることから，「水道におけるクリプトスポリジウム等対策指針」が策定，適用（平成 19 年 4 月 1 日から）されている．この指針では，原水の指標菌（大腸菌，嫌気性芽胞菌）などの検査結果にもとづいてリスクレベルを 4 段階に分け，リスクに応じてろ過設備（ろ過水濁度を 0.1 度以下に保てるもの）や紫外線処理設備を設けたり，汚染のない水源に変更したりすることなどが求められている．

クリプトスポリジウムは人間のほか，ウシ，ネコなどの多種類の動物の腸管内に寄生する原虫で，糞便とともに排出される．水中ではオーシストと呼ばれる大きさ 4〜6 μm の嚢胞体の状態で存在し，これを経口摂取すると下痢などを起こすことがある．オーシストは耐塩素性が強く，通常の塩素消毒によっては完全に不活化（感染力を失わせる）することが難しい．

3.2 水質基準項目の意義

3.2.1 病原生物

飲料水を経由して伝播するおそれのある病原生物には多くの種類があるが，それらが水中に存在する量は一般にごくわずかであるため，それらを種類ごとに水中から検出することは困難である．そのため，病原生物とともに水中に混入してくる微生物を指標とし，それらの多少から，病原生物混入の危険性の程度を総合的に判断しようとする項目である．

① 一般細菌：標準寒天培地を用いて，35〜37 ℃で 22〜26 時間培養した場合，肉眼で認められる集落となって発現する細菌のすべてをいう．一般細菌として計測されるのは，水中に存在する細菌類のごく一部にすぎないが，原水では汚濁の程度に比例して増加する傾向があり，また，消毒が不十分な場合，水道水中からも検出される．

② 大腸菌：特定酵素基質培地法によって β-グルクロニダーゼ活性をもつと判定される細菌をいう．大腸菌は，人間をはじめ，多くの恒温動物の腸管内に多数生息しており，糞便とともに多量に排泄されるので，これが水中に存在することは，

糞便とともに排泄された病原微生物も存在する疑いがあることを示す．糞便由来でない細菌も含む大腸菌群と比べて糞便汚染の指標としてより信頼できる．

3.2.2 無機物質，重金属

一時に多量に摂取すると急性中毒を起こしたり，長期間連続してある量以上を摂取すると慢性中毒を起こしたりするおそれのある無機物質および重金属で，自然水中に含まれることは少ないが，工場排水などの混入に起因して含まれることがある．基準値は，生涯にわたって連続的に摂取しても，健康に影響が生じない水準をもとにして設定されている．

① カドミウムおよびその化合物：長期間摂取を続けると，摂取量によっては腎障害，骨軟化症などの慢性中毒を起こす．

② 水銀およびその化合物：水銀化合物は無機と有機とに分けられるが，無機水銀化合物は自然界において微生物の作用により有機化（メチル水銀など）する．水質基準項目の水銀は無機水銀と有機水銀の総量を指す．水銀化合物を一時に多量に摂取した場合は，胃腸障害などの急性中毒を起こし，長期間摂取した場合は，摂取量によっては体内に蓄積されて聴力障害，言語障害，運動失調，精神障害などの慢性中毒を起こす．自然水中では地質に由来して含まれることがまれにある．

③ セレンおよびその化合物：急性中毒では嘔吐，下痢などの症状を，また慢性中毒では肝臓障害，胃腸障害などを起こすといわれる[5, 6]．

④ 鉛およびその化合物：急性中毒では嘔吐，下痢などの胃腸障害を生じ，長期間摂取した場合は，摂取量によっては体内に蓄積されて貧血，筋肉麻痺，激しい腹痛などの慢性中毒を起こす．自然水中では地質に由来して含まれることがまれにある．水道水中に含まれる場合は，おもに鉛管からの溶出に起因する．

⑤ ヒ素およびその化合物：急性中毒では嘔吐，下痢などの症状を，また慢性中毒では皮膚への色素沈着，肝硬変，知覚麻痺などの症状を起こす．自然水中には地質に由来して含まれる．

⑥ 六価クロム化合物：クロムが水中に存在する場合，通常は三価または六価の形をとるが，水道水中では残留塩素があるためにほとんどが六価の形で存在する．六価クロムは三価クロムより毒性が強く，過剰に摂取すると皮膚潰瘍，鼻中隔穿孔などの急性中毒や，味覚障害，胃腸炎，肝障害などの慢性中毒を起こす．

⑦ 亜硝酸態窒素：過剰に摂取すると，乳児にメトヘモグロビン血症を起こすことがある．自然水中には，地質，水中の動植物体の腐敗などに由来して含まれることがあるが，窒素肥料，生活排水，下水などの混入に起因して増加する．

⑧ シアン化物イオンおよび塩化シアン：シアン化合物は極めて強い毒性をもち，経

口摂取した場合，シアンヘモグロビンの生成，呼吸酵素の阻害などの障害を生じ，死にいたることがある．塩化シアンは，シアン化物イオンを塩素処理すると生成する．また，塩素消毒およびクロラミン消毒の副生成物の一つでもある．

⑨ 硝酸態窒素および亜硝酸態窒素：硝酸イオン（NO_3^-）を形成している窒素と，亜硝酸イオン（NO_2^-）を形成している窒素との合計量であり，亜硝酸態窒素と同様の特徴をもつ．

⑩ フッ素およびその化合物：適量のフッ素を含んでいる水を常時飲んでいると虫歯を予防する効果があるが，過剰に存在すると乳幼児の骨の発育阻害，斑状歯などの障害を生じる．温泉地帯の地下水などでは地質に由来して多く含まれることがある．

⑪ ホウ素およびその化合物：ホウ素化合物の短期間あるいは長期間摂取によって，雄生殖器官への毒性が認められる．また，長期間摂取によって，軽い胃腸刺激が起こり，食欲減退，寒気などが起こる．自然水中に含まれることはまれであるが，火山地帯の地下水や温泉には含まれることがあり，工場排水（とくに金属表面処理，ガラス工場）の混入に起因して含まれることもある．

3.2.3　一般有機化学物質

長期間連続して摂取すると，摂取量に応じてがん等の発生する確率が高まるおそれのある物質であり，自然水中には存在しないが，工場排水などの混入に起因して含まれることがある．基準値は，生涯にわたって連続的に摂取しても，健康に影響が生じない水準をもととして設定されている．

① 四塩化炭素：揮発性の合成有機塩素化合物で，土壌吸着性も生分解性も低いが，嫌気的条件下ではクロロホルムを経て二酸化炭素に分解される．金属洗浄剤として用いられるほか，フロンガス，塗料，プラスチックなどの製造にも使用される．

② 1,4-ジオキサン：水と混和する合成有機化合物で，溶剤や1,1,1-トリクロロエタン安定剤などに使用されるほか，ポリオキシエチレン系非イオン界面活性剤およびその硫酸エステルの製造工程において副生し，洗剤などの製品中に不純物として存在している．

③ シス-1,2-ジクロロエチレンおよびトランス-1,2-ジクロロエチレン：揮発性の合成有機塩素化合物で，地表水中では比較的速やかに揮散するが，土壌吸着性も生分解性も低い．ほかの塩素系溶剤の製造工程中の中間体，溶剤，香料，ラッカーなどに使用されるほか，嫌気的条件下でトリクロロエチレン，テトラクロロエチレンなどが変化して生じる．

④ ジクロロメタン：揮発性の合成有機塩素化合物であるが，ほかの合成有機塩素化

合物に比較して沸点が低く，土壌吸着性も生分解性も低い．殺虫剤や塗料に用いられるほか，食品加工工程での脱脂および洗浄剤などにも使用される．

⑤ テトラクロロエチレン：揮発性の合成有機塩素化合物で，土壌吸着性も生分解性も低いが，嫌気的条件下ではゆっくりと分解されてトリクロロエチレン，ジクロロエチレン，塩化ビニルに変化する．溶剤，脱脂剤，ドライクリーニングなどに使用される．

⑥ トリクロロエチレン：揮発性の合成有機塩素化合物で，土壌吸着性も生分解性も低いが，嫌気的条件下ではゆっくりと分解されてジクロロエチレン，塩化ビニルに変化する．溶剤や脱脂剤として，金属加工業などで広く使用される．

⑦ ベンゼン：石炭，石油を原料として製造される揮発性の有機化合物で，土壌吸着性は低い．染料，合成ゴム，合成洗剤などの各種有機合成化学物質の原料として使用される．

3.2.4 消毒副生成物

長期間連続して摂取すると，摂取量に応じてがん等の発生する確率が高まるおそれのある物質であり，自然水中には存在しないが，浄水処理過程で注入される塩素やオゾンなどの酸化消毒剤が，水中の無機物質やフミン質などの前駆物質と反応して生成される．基準値は，生涯にわたって連続的に摂取しても，健康に影響を生じない水準をもとにして設定されている．

① 塩素酸：消毒用の次亜塩素酸ナトリウム中に不純物として含まれる．その濃度は，次亜塩素酸ナトリウムの貯蔵中に，次亜塩素酸の分解により上昇する．次亜塩素酸ナトリウムの貯蔵条件（温度を20℃以下に保つなど）に留意する必要がある．

② クロロ酢酸：酢酸分子（CH_3COOH）のCH_3の部分に含まれる水素原子1個が塩素原子に置き換わった物質で，原水中に含まれる有機物質と塩素とが反応して生成する．

③ クロロホルム：メタン分子（CH_4）に含まれる4個の水素原子中，3個が塩素原子に置き換わった物質で，一般に生成量は総トリハロメタン中で最も多い．

④ ジクロロ酢酸：酢酸分子のCH_3の部分に含まれる水素原子2個が塩素原子に置き換わった物質で，原水中に含まれる有機物質と塩素とが反応して生成する．

⑤ ジブロモクロロメタン：クロロホルム分子に含まれる3個の塩素原子中，2個が臭素原子に置き換わった物質で，生成量は水中の臭化物イオン濃度によって変化する．

⑥ 臭素酸：オゾン処理により，原水中に含まれる臭化物イオンが酸化されて生成するほか，消毒剤である次亜塩素酸ナトリウム製造時に，原料塩に不純物として含

まれる臭化物イオンが酸化されて生成混入する．

⑦ 総トリハロメタン：トリハロメタンの主要構成物質は，クロロホルム，ブロモジクロロメタン，ジブロモクロロメタン，ブロモホルムの四つであり，この四つの物質の合計を総トリハロメタンとしている．総トリハロメタンの生成量は，最終的には前駆物質の濃度によるが，塩素と前駆物質との反応は比較的ゆっくり進むため，配水管内においても生成量が徐々に増加する．トリハロメタンの生成反応は，水温あるいはpH値が高いほど促進される．

⑧ トリクロロ酢酸：酢酸分子のCH_3の部分に含まれる水素原子3個が塩素原子に置き換わった物質で，原水中に含まれる有機物質と塩素とが反応して生成する．

⑨ ブロモジクロロメタン：クロロホルム分子に含まれる3個の塩素原子中，1個が臭素原子に置き換わった物質で，生成量は水中の臭化物イオンの濃度によって変化する．

⑩ ブロモホルム：メタン分子に含まれる4個の水素原子中，3個が臭素原子に置き換わった物質で，生成量は水中の臭化物イオン濃度によって変化するが，総トリハロメタン中では量的に最も少ないのが一般的である．

⑪ ホルムアルデヒド：浄水処理過程で，原水中のアミンなどの有機物質と，塩素，オゾンなどの酸化消毒剤が反応して生成する．

3.2.5　味関連項目

一般に，自然水中に含まれているが，過剰に含まれると水道水の味を損なう原因になる物質である．

① ナトリウムおよびその化合物：一般に，自然水中にはナトリウムイオン（Na^+）の状態で含まれるが，海水や工場排水などの混入，水処理用薬品の注入などに起因して増加することがある．

② 塩化物イオン：水中にイオンの形で存在する塩素（Cl^-）をいう．自然水中には，地質，海水の混入などに由来して常に含まれているが，し尿，下水，家庭排水，工場排水などの混入によって増加する．

③ カルシウム，マグネシウムなど（硬度）：硬度とは，水中にイオン状となって存在するカルシウム（Ca^{++}）とマグネシウム（Mg^{++}）の量を，これに対応する炭酸カルシウム（$CaCO_3$）に換算して表したものをいう．自然水中には地質に由来して含まれるが，海水，下水，工場排水などの混入によっても増加する．適量の存在は水の味を向上させるが，過剰に存在すると水の味を損ない，また，石けんの洗浄効果の低下，ボイラーなどの内壁への析出などの障害を生じる．

④ 蒸発残留物：蒸発残留物とは，水を蒸発させた場合に残留する固形分をいう．懸

濁物質に由来するものと溶解性物質に由来するものの両者が含まれ，懸濁物質が多い場合は濁度が増加し，溶解性物質が多い場合は水の味を損なうなどの障害を生じる．

⑤ 有機物（全有機炭素（TOC）の量）：全有機炭素（TOC）とは，水中に存在する有機物を構成するすべての炭素のことで，水中の有機物濃度の指標である．水中の有機物は，土壌中の有機物の流入，水中での生物の増殖や，し尿，下水，工場排水などの混入によって増加する．

3.2.6 色関連項目

過剰に含まれると，水道水に色をつける原因となる物質である．

① 亜鉛およびその化合物：人体に必須の元素で，自然水中に含まれることはまれであるが，工場排水や鉱山排水などの混入によって含まれることがある．水道水中には，亜鉛めっき鋼管が使用されている場合に，そこから溶出して含まれることがある．過剰に含まれると水道水に白い色をつけるほか，不快な味もつける．

② アルミニウムおよびその化合物：地球上に広く分布し，土壌中の金属元素としては最も多い．溶解度が小さいので自然水中の濃度は低いが，鉱山排水，工場排水，温泉などの混入に起因して増加することがある．水道では，アルミニウム系凝集剤として浄水処理に用いられる．0.1～0.2 mg/L 程度を超えるアルミニウムが含まれていると変色がみられ，鉄が共存すると促進される．

③ 鉄およびその化合物：人体に必須の元素であり，地質中に普遍的に存在するため，一般に自然水中にも含まれている．とくに地下水中には多く含まれることがあり，また工場排水や鉱山排水などの混入に起因して増加することもある．水道水中には，鉄管の腐食に起因して含まれることがある．過剰に含まれると水道水に赤褐色の色をつけるほか，不快な味もつける．

④ 銅およびその化合物：人体に必須の元素で，毒性は弱く，蓄積性も認められていない．自然水中に含まれることは少ないが，工場排水や鉱山排水などの混入に起因して含まれることがある．水道水中には，銅管から溶出して含まれることがあり，水中の銅濃度が 1 mg/L を超えると洗濯物が配管設備に汚れが生じる．また，水に不快な味をつける．

⑤ マンガンおよびその化合物：人体に必須と考えられている元素で，自然水中にはおもに地質に由来して含まれる．とくに，湖沼，貯水池などの底層水，地下水など，溶存酸素が少ない水に多く含まれることがある．工場排水や鉱山排水などの混入に起因して増加することがあり，過剰に含まれると水道水に赤褐色の色をつけたり，管内に付着した後に黒色の微粒子となって流出したりする．

3.2.7 臭気関連項目

水道水に悪臭をつける原因となる物質である.

① ジェオスミン：かび臭の原因物質である．湖沼などの富栄養化にともなって発生する藍藻類のアナベナが産生する．ある種の放線菌も産生する.

② 2-メチルイソボルネオール：かび臭の原因物質である．湖沼などの富栄養化にともなって発生する藍藻類のフォルミディウムやオシラトリアが産生する．ある種の放線菌も産生する.

③ フェノール類：フェノール類とは，フェノールおよび各種のフェノール化合物の総称である．通常は工場排水などの混入に起因して含まれる．フェノール類は，浄水処理過程で消毒などに用いられる塩素と化合してクロロフェノールとなり，水道水に不快な刺激臭をつける.

3.2.8 発泡

限界量以上に含まれると，水道水の泡立ちの原因となる物質である.

① 陰イオン界面活性剤：合成洗剤の主成分であるLAS（直鎖アルキルベンゼンスルホン酸ナトリウム）などをいい，自然水中には存在しないが，工場排水や生活排水などの混入に起因して含まれる．過剰に含まれると，水道水に消えにくい泡立ちを生じさせる.

② 非イオン界面活性剤：界面活性剤のうち，水に溶かしたとき，水に溶けやすい部分がイオンにならないものの総称である．洗浄力が水の硬度や溶解塩類などの影響を受けにくいなどの理由で，合成洗剤としての使用量が増加している．自然水中には存在しないが，工場排水や生活排水などの混入に起因して含まれる．過剰に含まれると，水道水に消えにくい泡立ちを生じさせる.

3.2.9 基礎的性状

水道水が，基本的に備えていなければならない性状に関する項目である.

① pH値：pH値とは，水素イオン濃度の逆数の常用対数をいい，0～14の範囲の値をとる．わが国の自然水は通常の場合pH 5～9の間にあるが，浅井戸水のpH値はやや低い傾向にあり，藻類の増殖した湖沼（貯水池）水などは高いpH値を示す．水道水のpH値が低い場合は金属製の水道管を腐食させるなどの障害を，またpH値が高すぎる場合は塩素の消毒効果を低下させたり，トリハロメタン生成量を増加させるなどの障害を生じる．基準値は，これらの障害を防止するために設定されている.

② 味：水の味を決定する要因は複雑であり，含有成分による場合以外に，水温，飲用者の感度，生理状態，心理状態などによっても大きく左右される．自然水の味

は地質によって左右されるほか，工場排水などの混入によっても影響を受ける．また，水道水では，水道管の内面塗装に起因して味が付く場合がある．基準値は，これらのさまざまな原因によって生じる味を，総合的に評価するために設定されている．

③ 臭気：水に不快な臭気をつける物質には，3.2.7項に掲げた物質以外にも，植物プランクトンが生産する生ぐさ臭などの原因物質，工場排水などの混入に起因する有機化合物のような多数の種類が存在し，なかには，塩素と反応することによって強い刺激臭を生じるシクロヘキシルアミンのような物質もある．また，水道水では水道管の内面塗装に起因する場合もある．基準値は，これらのさまざまな原因によって生じる臭気を，総合的に評価するために設定されている．ただし，消毒によって生じる塩素の臭気は除外される．

④ 色度：色度とは，溶解性物質やコロイド状物質が示す類黄色～黄褐色の程度をいい，塩化白金酸カリウムと塩化コバルトとを溶解させた標準液の色と比較して測定される．自然水の色は，おもに地質中のフミン質や鉄，マンガンに起因するが，工場排水や下水などの混入に起因して着色することもある．水道水の色は，水道管の溶出に起因することが多い．基準値は，これらのさまざまな原因によって生じる色を，総合的に評価するために設定されている．

⑤ 濁度：濁度とは，水の濁りの程度をいい，ポリスチレン系粒子を懸濁させた標準液と比較して測定される．自然水の濁りは，おもに土壌の流入などに起因するが，工場排水などの混入によって増加することもある．水道水の濁りは，不完全な浄水処理や水道管の異常などに起因することが多い．基準値は，これらのさまざまな原因によって生じる濁りを，総合的に評価するために設定されている．

3.3 海外の飲料水水質基準

飲料水（水道水を含む）の水質については，世界各国がそれぞれの国情に応じて水質基準などを定めている．国際的な意味をもつものとしては，世界保健機関（WHO）が設定した飲料水水質ガイドラインがある．

3.3.1 WHO飲料水水質ガイドライン

WHOでは，1984年にヨーロッパ基準と国際基準の2種類の水質基準を一本化し，新たに飲料水水質ガイドラインを設定した．このガイドラインは，飲料水の水質基準はWHO加盟各国が，それぞれの自然，社会，文化，経済的な状況を考慮して定めるべきであるという観点から設定され，加盟各国に勧告されるものである．現在のガイドラインは2011年に改訂されたもので，微生物，無機物質，有機物質，農薬，消毒副生成物，放射能といった健康に関連する項目について詳細に記述されている．また，味，におい，外観などの利便性に関連する項目についての記述や，水源から蛇口までの体系的な水質管理の実施（水安全計画の策定）についての記述もある．

3.3.2 アメリカにおける飲料水水質基準

アメリカでは，1974年に制定された安全飲料水法にもとづいて飲料水の水質基準が規定されている．安全飲料水法には，健康影響に関連する項目についての第1種飲料水規則と，水道の利用上の障害になる項目についての第2種飲料水規則とがあり，このうち，第1種飲料水規則については，1986年の安全飲料水法の大幅な改正にともない，環境保護庁（USEPA）が順次新たな水質基準の設定を進めている．

アメリカにおける水質基準は，同一の項目に対して，健康影響上からみて最も望ましい値である目標最大許容レベル（MCLG）と，水源汚染や健康障害などのうえからみて最も効率的な値と考えられる最大許容レベル（MCL）の二つの値が定められている．

3.4 その他の水質基準

水道水の水質を，衛生的に安全で，利用上の障害なども生じないように確保していくためには，まず，水源の水質が良好に保たれることが基本的な要件になる．また，水源の水質が良好に保たれるためには，各種排水の混入などに起因する水質の汚濁が極力防止されなければならない．わが国では，公共用水域および地下水の水質汚濁を防止するため，環境基準や排水基準が定められている．

3.4.1 水質環境基準

水質の環境基準とは，公害対策基本法第9条にもとづき，昭和46年12月に「水質汚濁に係る環境基準について」として告示されたものをいう．この基準は，人の健康の保護に関する環境基準（表3.5）と，生活環境の保全に関する環境基準（表3.6）とから構成されている．前者は全国の公共用水域に共通して一律に定められるものであり，後者は河川，湖沼，海域別にそれぞれ水域類型を定め，個々の水域をその類型にあてはめていくものである．環境基準は必要に応じて見直しが行われ，人の健康の保護に関する環境基準は，現在合計27項目となっている．平成15年11月には，生活環境の保全に関する環境基準の範囲で，新たに水生生物の保全に係る環境基準が設定された．

また，以前は環境基準の対象外とされていた地下水については，平成9年3月に「地下水の水質の汚濁に係る環境基準」が告示され，すべての地下水がこの環境基準の適用を受けることとなった．地下水に係る環境基準の内容は「水質汚濁に係る

表 3.5　人の健康の保護に関する環境基準

項　目	基準値［mg/L］
カドミウム	0.003 以下
全シアン	検出されないこと
鉛	0.01 以下
六価クロム	0.05 以下
ヒ素	0.01 以下
総水銀	0.0005 以下
アルキル水銀	検出されないこと
PCB（ポリ塩化アルミニウム）	検出されないこと
ジクロロメタン	0.02 以下
四塩化炭素	0.002 以下
1,2-ジクロロエタン	0.004 以下
1,1-ジクロロエチレン	0.1 以下
シス-1,2-ジクロロエチレン	0.04 以下
1,1,1-トリクロロエタン	1 以下
1,1,2-トリクロロエタン	0.006 以下
トリクロロエチレン	0.01 以下
テトラクロロエチレン	0.01 以下
1,3-ジクロロプロペン	0.002 以下
チウラム	0.006 以下
シマジン	0.003 以下
チオベンカルブ	0.02 以下
ベンゼン	0.01 以下
セレン	0.01 以下
硝酸性窒素および亜硝酸性窒素	10 以下
フッ素	0.8 以下
ホウ素	1 以下
1,4-ジオキサン	0.05 以下

†1　基準値は年間平均値とする．ただし，全シアンに係る基準値については，最高値とする．
†2　「検出されないこと」とは，法令などにもとづいて項目ごとに定められた方法により測定した場合において，その結果が当該方法の定量限界を下回ることをいう．
†3　海域については，フッ素およびホウ素の基準値は適用しない．

表 3.6　生活環境の保全に関する環境基準（抜粋）［環境庁：昭和 46 年環境庁告示第 59 号，別表 2，環境庁，1971.］）

(a) 河川（湖沼を除く）

項目／類型	利用目的の適応性	基準値				
		水素イオン濃度（pH）	生物化学的酸素要求量（BOD）[mg/L]	浮遊物質量（SS）[mg/L]	溶存酸素量（DO）[mg/L]	大腸菌群数 [MPN/100 mL]
AA	水道1級，自然環境保全およびA以下の欄に掲げるもの	6.5 以上 8.5 以下	1 以下	25 以下	7.5 以上	50 以下
A	水道2級，水産1級，水浴およびB以下の欄に掲げるもの	6.5 以上 8.5 以下	2 以下	25 以下	7.5 以上	1000 以下
B	水道3級，水産2級およびC以下の欄に掲げるもの	6.5 以上 8.5 以下	3 以下	25 以下	5 以上	5000 以下

表 3.6　生活環境の保全に関する環境基準（抜粋）（続き）［環境庁：昭和 46 年環境庁告示第 59 号，別表 2，環境庁，1971.］）

（a）河川（湖沼を除く）

類型＼項目	利用目的の適応性	基準値				
		水素イオン濃度（pH）	生物化学的酸素要求量（BOD）[mg/L]	浮遊物質量（SS）[mg/L]	溶存酸素量（DO）[mg/L]	大腸菌群数 [MPN/100 mL]
C	水産 3 級，工業用水 1 級およびD以下の欄に掲げるもの	6.5 以上 8.5 以下	5 以下	50 以下	5 以上	—
D	工業用水 2 級，農業用水およびEの欄に掲げるもの	6.0 以上 8.5 以下	8 以下	100 以下	2 以上	—
E	工業用水 3 級，環境保全	6.0 以上 8.5 以下	10 以下	ゴミなどの浮遊が認められないこと	2 以上	—

†1　基準値は，日間平均値とする．
†2　農業用利水点については，水素イオン濃度 6.0 以上 7.5 以下，溶存酸素量 5 mg/L 以上とする．

（b）湖沼（天然湖沼および貯水量が 1000 万 m^3 以上であり，かつ，水の滞留時間が 4 日間以上である人工湖）

類型＼項目	利用目的の適応性	基準値				
		水素イオン濃度（pH）	化学的酸素要求量（COD）[mg/L]	浮遊物質量（SS）[mg/L]	溶存酸素量（DO）[mg/L]	大腸菌群数 [MPN/100 mL]
AA	水道 1 級，水産 1 級，自然環境保全およびA以下の欄に掲げるもの	6.5 以上 8.5 以下	1 以下	1 以下	7.5 以上	50 以下
A	水道 2，3 級，水産 2 級，水浴およびB以下の欄に掲げるもの	6.5 以上 8.5 以下	3 以下	5 以下	7.5 以上	1000 以下
B	水産 3 級，工業用水 1 級，農業用水およびCの欄に掲げるもの	6.5 以上 8.5 以下	5 以下	15 以下	5 以上	—

表 3.6　生活環境の保全に関する環境基準（抜粋）（続き）[環境庁：昭和 46 年環境庁告示第 59 号，別表 2，環境庁，1971.]）

項目／類型	利用目的の適応性	基準値				
		水素イオン濃度（pH）	化学的酸素要求量（COD）[mg/L]	浮遊物質量（SS）[mg/L]	溶存酸素量（DO）[mg/L]	大腸菌群数 [MPN/100 mL]
C	工業用水 2 級，環境保全	6.0 以上 8.5 以下	8 以下	ごみなどの浮遊が認められないこと	2 以上	―

†1　基準値は，日間平均値とする．
†2　農業用利水点については，水素イオン濃度 6.0 以上 7.5 以下，溶存酸素量 5 mg/L 以上とする．
†3　水産 1 ～ 3 級については，当分の間，浮遊物質量の項目の基準値は適用しない．

項目／類型	利用目的の適応性	基準値	
		全窒素 [mg/L]	全りん [mg/L]
Ⅰ	自然環境保全およびⅡ以下の欄に掲げるもの	0.1 以下	0.005 以下
Ⅱ	水道 1 ～ 3 級（特殊なものを除く），水産 1 種，水浴およびⅢ以下の欄に掲げるもの	0.2 以下	0.01 以下
Ⅲ	水道 3 級（特殊なもの）およびⅣ以下の欄に掲げるもの	0.4 以下	0.03 以下
Ⅳ	水産 2 種およびⅤの欄に掲げるもの	0.6 以下	0.05 以下
Ⅴ	水産 3 種，工業用水，農業用水，環境保全	1 以下	0.1 以下

†1　基準値は，年間平均値とする．
†2　水域類型の指定は，湖沼植物プランクトンの著しい増殖を生じるおそれがある湖沼について行うものとし，全窒素の項目の基準値は，全窒素が湖沼植物プランクトンの増殖の要因となる湖沼について適用する．
†3　農業用水については，全りんの項目の基準値は適用しない．

環境基準」の人の健康の保護に関する環境基準（表 3.5）とほぼ同じ（塩化ビニルモノマーが加わった 28 項目）である．なお，ダイオキシン類に対しては，ダイオキシン類対策特別措置法にもとづいて水質汚濁に係る環境基準が定められている．

3.4.2　排水基準

排水基準は，水質汚濁防止法第 3 条の規定にもとづき，昭和 46 年 6 月の「排水基準を定める総理府令」によって定められた．この基準は，特定事業場（特定施設を設置する工場または事業場）から，公共用水域に排出される水について定められたものであり，有害物質を含む排出水については有害物質の種類ごとに，また一般の排出水については項目ごとに，それぞれ許容限度が設定されている．

なお，必要に応じて，この総理府令によって定められた排水基準で定める許容限度よりも厳しい許容限度（上乗せ基準）を，都道府県が条例により定めることができる．また，ダイオキシン類に対しては，ダイオキシン類対策特別措置法にもとづいて排出基準が定められている．

●演習問題

3.1　水道水の水質基準の意義について説明せよ．

●研究課題

3.1　水質管理目標設定項目は，どのような意義をもっているか調べてみよう．

3.2　トリハロメタンの種類および生成原因について調べてみよう．

第4章 水源および貯水施設

水源は上水道の根幹であり，需要量に対して必要な計画取水量を安定して取水できるように水源を確保しなければならない．日本の降雨は季節差が大きいうえ，河川は急勾配のため，降雨はただちに海に流出する．河川水を水源とする場合は，年間を通じて安定した取水を確保するため，河川の流量が豊富なときに貯水を行って不足時には貯留水を放流するダムなどの貯水施設を設置する必要がある．

また，取水後の浄水処理に大きな影響があることから，水源の水質にも十分な配慮が必要であり，水源には清浄かつ将来にわたって汚染のおそれが少ないことが求められる．

4.1 水　源

4.1.1 水源の種類と特徴

図4.1のように，水源は，地表水および地下水に大きく分けられる．地表水としては，河川，湖沼から取水する場合と貯水池を設けて取水する場合がある．また，地下水には湧水，井戸水（浅井戸，深井戸），伏流水がある．特殊な例として，離島や淡水が不足する地域の都市などで海水の淡水化によって水を得ているところがある．

地表水や地下水は，降水が形を変えて循環している過程のものである．地表水とは，地表に降った雨や雪のうち，地表の凹地にたまって湖沼になったり，河川水として流れたりしているもののことである．したがって，周辺環境の影響を直接に受けやすい．

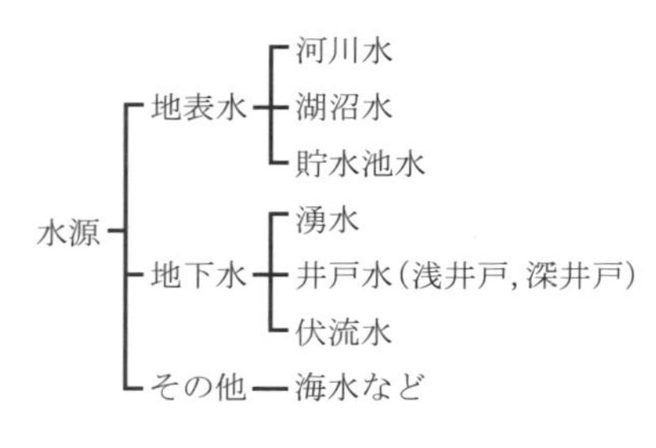

図4.1　水源の種類

たとえば，水質的にみると，流域の地質や生物，日光，気温，人工的な汚染物質に影響されやすいなどの特徴をもつ．一般に，日本における自然状態の水は，水道水の原水として水質が良好であるが，近年都市近郊においてはこのような水の存在は次第に少なくなってきている．さらに，最近では人為的な水質汚濁が激しくなって，高度の処理方法が必要なところが生じてきている．

水源の種類別に，その特徴を説明する．

（1）河　川

一般に，河川は地下水よりは多量の取水が可能である．しかし，河川流量は，流域内の降水状況や地勢などの自然条件によって大きく変化する．1.4 節で述べたように，わが国では必要とする水量を平均的に河川から取水できるところは少ない．このようなことから，貯水施設を建設して流量を調整することによって利水を図っている例が多い．なお，河川には，かんがい，発電，漁業の既得の水利権が古くから設定されていることが多く，新規の取水にあたってはそれらとの調整が必要となる．

河川の水質は，1 年を周期として季節的に変動し，とくに洪水期などの出水期には濁度の増加や，溶存物質量の変化が著しい．

したがって，取水を計画する場合には，できるだけ長期間の調査を行い，量，質の面からの安定性を確認する必要があり，併せて水利権上の諸問題についても調査しておくことが重要である．

（2）湖　沼

湖沼水は，河川水に比べて水の動きが極めて小さい．そのため，水質変化は緩慢であり，いったん汚濁が進行するとその回復は非常に難しく，また時間を要する．

湖沼からの取水は，上流域の雨水または河川水を一時的に湖沼に貯留して流出を調整し，利用する．ただし，自然湖沼の場合は，人工貯水池に比べて生態系への影響や景観の維持の配慮から大きな水位変動が許されず，全容量に対して利用可能な水量が小さいのが一般的である．

（3）貯水池

貯水池は，河川の豊水期の余剰水量を貯留し，渇水期にこの水を放流して必要量の取水を可能とするために設ける施設である．河川を直接ダムによって堰止めて貯水することが多いが，地形上，河川から離れた別の適当な場所に貯水池を設けて導水する場合もある．

河川水が貯水池に長く滞留すると，水中に含まれる栄養塩によって，植物プランクトンが増殖して水質が悪化することがあるので，事前に十分に調査して対策を講じておく必要がある．開発水量の水収支計算と貯水容量の決定については，4.2 節で詳述する．

(4) 地下水

地下水は，古くから湧水や井戸を掘るなどの方法で利用されてきた水源である．地下水の補給は，雨水の地中への浸透によって長い年月をかけて行われるので，表流水に比較してかん養速度が極めて遅い．また，地中において，地下水は極めて緩やかな速度で移動しているのが普通である．そのため，過剰な地下水の揚水は，地下水位の低下や地盤沈下を発生させるので，地下水の保全上，取水量の適正な管理が重要である．

地下水について種類別にその特徴を述べると，次のとおりである．

① 湧水：湧水は，地下水が地層や地形の関係で自然に地表へ湧出したものである．湧水が浅層水か深層水かによって温度や水質が異なる．浅層水では，渇水時に湧水量が減少する場合があるなど，湧水水量に対して降雨の影響が大きく，また都市化などによる水質汚染の危険性が高い．このようなことから，水源として利用するには，周辺地域の雨の降り方や水質の変化などの十分な調査が必要である．

② 井戸：井戸は，実用上浅井戸と深井戸に分けられる．自由面地下水を取水する掘削深さ 30 m 程度以下の掘井戸を浅井戸といい，被圧面地下水を取水する深さ 30 m 以上のものを深井戸という．

- 浅井戸：一般に，浅井戸は取水する帯水層が薄いため，河川の伏流水と通じている場合や地形，地層の関係から集水面積の大きい場合を除いて，長期にわたる干ばつの影響を受けやすく，多くの水量を期待できない．しかし，水質，水量ともに良好な帯水層があれば，比較的安定した水量の取水が可能である．一般に，浅井戸の水質は深井戸に比べて地表の影響を受けやすく，とくに人家の近在する場合は汚水の浸入による汚染が発生することもあり，十分な注意が必要である．
- 深井戸：深井戸は，被圧地下水を取水する管井戸で，一般に採水層に挿入したストレーナに流入する被圧地下水をポンプによって揚水するものである．取水地点の選定に際しては，水量，水質の面から，適当な厚さをもち，適当な深さの帯水層を選ぶことが大切である．帯水層内の土質によっては，鉄，マンガンなどの鉱物性物質が溶解していることもあるので注意する．

③ 伏流水：伏流水は，河川やその周辺地域において河川に起因する透水層内を河川水と相互に影響しながら潜流している状態の地下水であり，河川の歴史と密接な繋がりをもっている．母体となる河川の基底流量が十分に存在するときは，渇水期でも，河川の水量に影響されず一定量の取水が可能なことが多く，水源としての条件は比較的よい．水質は良好であることが多いが，浅井戸と異なり，河川が増水したときには河川の濁度がそのまま表れる可能性があるので注意する必要が

ある．

④ 地中ダム：地中ダムは，地下の帯水層に不透水性の壁を設けることによって，地下水の流れを遮断し，ダム上流側の帯水層内の，砂，れき層の空隙に水を貯留するものである．地下水の無効流出を防ぐとともに，貯留を効率的に行うことによって，地下水の有効利用を図ることができる．しかし，地層，地形に一定の条件を必要とするため適地は限られる．気象や地形から地上ダムの建設には限界のある半島，島しょ部などにいくつかの施工例がある．渇水時に海水が逆流して地下水へ影響を与えるような場所では，止水壁がその防止にもなる．地下ダムの貯留水と河川水を利用することによって，利用量を増加させる効率的な水運用を図ることもできる．

なお，このほかの地下水の利用例として，自然の地下水盆を地下貯水池として利用し，地下水の人工涵養を行って利水している例もある．

4.1.2 水源の水質特性

（1）河川水

河川水の水質は，地質による部分もあるが，気候および天候の影響を受けやすい．そのため，わが国の河川水は，一般に水質の季節的変化が明瞭である．また，これらの自然条件によるほか，各種排水の混入などの人為的条件によっても，河川水の水質は大きく変化することがある．

◎自然条件による水質変化　気候および天候のうち，河川水の水質に最も大きな影響を及ぼすのは，気温と降水である．

河川水の水温には気温に追従した変化がみられ，夏季に上昇し，冬季に低下する．一般に，水温が上昇した場合，化学反応の速度は上昇し，水中に生育する生物の作用が活発化する．そのため，夏季には硝化作用や有機物の分解作用が促進されて，汚濁の進んだ河川水では溶存酸素が不足するようになり，とくに流れが停滞する箇所の底泥付近では嫌気状態となることが珍しくない．また，水深の浅い河川では，藻類の光合成作用による pH 値の上昇などの現象がみられる．一方，冬季には，硝化作用の低下によるアンモニア態窒素の増加などの現象がみられる．河川における水温およびアンモニア態窒素濃度の周年変化の例を図 4.2 に示す．

河川の流量は降水の多少によって大きく変化する．降水の少ない場合は，流量が減少して流入する諸排水の量が相対的に増加するため，一般に汚濁の度合が高まり，降水が多い場合は希釈によって汚濁の度合が低下する．しかし，一時的に多量の降雨があった場合は，土壌の流入や底泥の洗い流しなどにより，流量増加の初期に懸濁物質や溶解性物質が急増することもある．

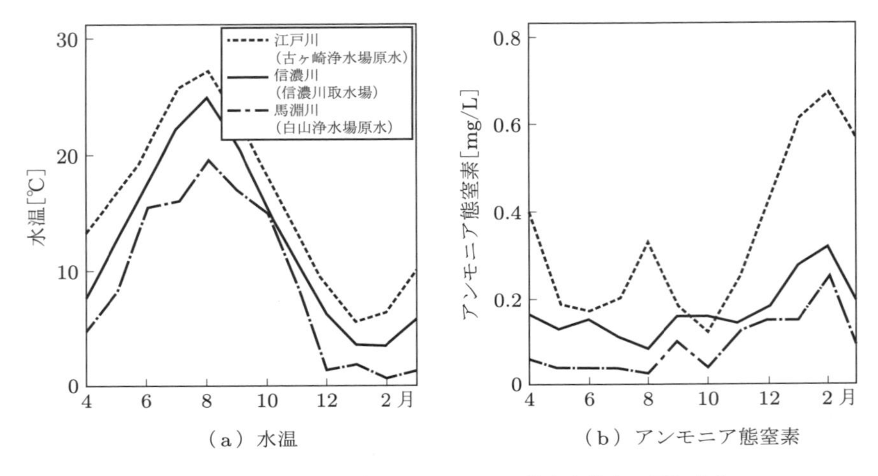

（a）水温　　（b）アンモニア態窒素

図4.2　河川における水温とアンモニア態窒素濃度の周年変化

◎人為的条件による水質変化　わが国の河川は，用水の取水と排水の排出とが頻繁に繰り返されながら流下するため，一般に下流になるにつれて水質汚濁の度合が高まり，水質汚染事故の頻度も高くなる．有害物質や油類などによる水質汚染事故は，多くの場合，工場排水や鉱山排水などの混入に起因する．また，最近は，ゴルフ場や農地などに使用される農薬が問題となってきている．

一方，一般的な水質汚濁は，生活排水の混入に起因することが多く，有機物やアンモニア態窒素などの増加の原因となっている．図4.2の冬季にみられるアンモニア態窒素の増加もその一例である．また，最近では，畜産排水や生活排水によるクリプトスポリジウム汚染も問題になってきている．汚濁の進んだ河川の場合，流速の小さな下流部では，湖沼にみられるような植物プランクトンの増殖が起こることもある．

（2）湖沼，貯水池水

湖沼や貯水池では水が長時間滞留し，懸濁物質の沈降や植物プランクトンの増殖の時間的ゆとりが生じるため，それにともなう水質変化が生じやすい．また，気温の影響を直接受けるのは上層の水だけであるため，水質は河川水と異なった複雑な季節変化を示す．湖沼，貯水池で植物プランクトンの増殖をもたらす栄養塩類はおもにりん化合物と窒素化合物であり，これらの栄養塩類の蓄積が進むことを湖沼，貯水池の富栄養化とよぶ．富栄養化が進んだ湖沼，貯水池では植物プランクトンが増殖しやすく，ときには大量に増殖した植物プランクトンによって，水面に水の華とよばれる厚い緑色の膜が形成されることがある．

◎停滞期　春季から夏季にかけての気温の上昇期には，表層の水も温度が上昇し，比重が小さくなるため，底層の低水温で比重の大きな水とは混合されなくなる．その結果，水は温度の差によって層をなして分布するようになり，表層水と底層水との間に大きな水温差が生じる．このように，水温の差によって水が層をなして分布する状態を水温成層といい，水温成層が形成されている期間を停滞期とよぶ．

停滞期には，表層では日射を受けて植物プランクトンが増殖しやすくなる．植物プランクトンが増殖した場合，その光合成作用によって，溶存酸素の増加やpH値の上昇などの現象が生じる．

一方，底層では，一般に日光が十分に届かないために植物プランクトンは増殖できず，また大気からの酸素の補給も絶たれるため，しばしば嫌気状態となる．しかし，細菌類のなかには，嫌気的な環境を好んで生育する種類が存在するため，それらの作用によって，沈積した植物プランクトンの遺骸などが分解されて栄養塩類が溶出したり，底泥中の鉄やマンガンなどが還元されて溶出したりする．わが国の湖沼，貯水池では，一般に4～11月の間が停滞期にあたる．

◎循環期　秋季から冬季にかけて気温が低下する時期には，表層の水も温度が低下し，比重が大きくなるため，次第に沈降して下層の水と混合するようになる．その結果，底層までの水全体が混合し，水温は水面から底までほとんど同一となる．このように，水面から底までの水が混合するようになった状態を循環期とよぶ．

循環期には，水質は水面から底までほぼ一様となり，停滞期に底層水中に溶出した栄養塩類も全層に及ぶため，上層では日射を受けて植物プランクトンの増殖が起こりやすい．わが国では，一般に11～3月の間が循環期にあたる．循環期および停滞期における水質の垂直分布の例を，図4.3に示す．

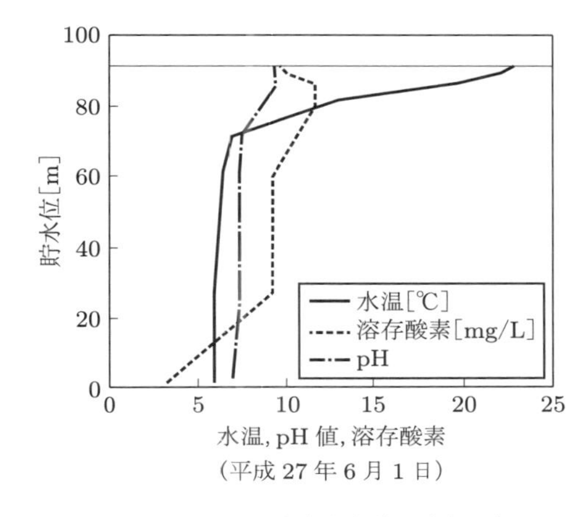

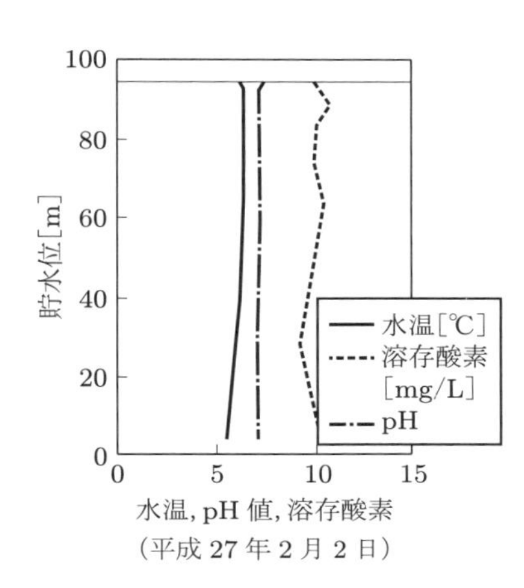

図4.3　貯水池水質の垂直分布にみられる季節変化（小河内貯水池）

（3）地下水（湧水，井戸水，伏流水）

地下水は，気候や天候の影響を受けにくいため，一般に水質は地表水に比べて安定しており，季節的変動も少ない．たとえば，水源となっている深井戸では，水温の年間変動幅は通常5℃以内であり，また年平均水温は，その地方の年平均気温と比較して1～4℃高いことが多い．

◎地表からの汚染　浅井戸では地表からの汚染を受けて水質が変化することがあり，また，伏流水の水質も河川水の影響を受けて変化することがある．大腸菌などの糞便由来の汚染指標の値が高い場合には，地表から汚染を受けている可能性が高く，クリプトスポリジウムによる汚染の可能性について考慮する必要がある．また，近年は，日本全国で地下水の硝酸態窒素が増加する傾向にあり，これは農地への窒素肥料の多用が主要な原因である．

地下水は大気と接触することがなく流速も遅いため，微生物によって分解されにくい汚染物質が混入した場合は，トリクロロエチレンなどのような揮発性の物質であっても大気中に揮散することなく，長期間にわたって地下水を汚染し続けることが多い．

◎地下における水質変化　地表からの汚染を受けない地下水は，地層内を通過する過程でろ過による細菌類や懸濁物質の除去，溶解性物質の土壌への吸着，微生物による有機物質の分解などの作用を受けるため，一般に水質は良好である．その反面，細菌類の作用を受ける過程で酸素が消費されるため，硝酸イオンの還元による亜硝酸イオンやアンモニウムイオンの生成，遊離炭酸の生成，硫化物の生成，カルシウムやマグネシウムの溶解による硬度の上昇などの現象が生じる．

また，地質によっては，鉄，マンガン，ヒ素，フッ素などが溶解してくることがあり，トリハロメタンの前駆物質となるフミン質を高濃度に含むために，褐色を帯びている地下水もある．

◎地下水中の生物　一般に，地下水は地表水に比べると生息している生物の数が少なく，また光が透過しないために藻類は存在しないが，地下水特有の生物が検出されることがしばしばある．地質によっては，鉄バクテリア，硫黄バクテリアなどの細菌類が綿状の集落となって出現することがあり，それらの地下水中の細菌類が配水管中で繁殖し，管を閉塞させた例も知られている．また，浅井戸水や伏流水からは，地下水特有の小型の節足動物が検出されることがある．

4.1.3　水源開発と水利権

河川水は，河川法では公のもの（公水）として位置づけられており，これを上水道などの特定の目的のために利用する（流水を占用する）場合は，河川管理者の許可を得なければならない．この許可によって発生する取水権（流水を占用する権利）を一般に水利権という．水利権の内容となる事項は，水利使用の目的，流水占用の場所(取水地点)，取水量などである．

水利権は，河川の流況などに照らし，取水予定量が安定的に取水可能であることなどを判断して許可される．このため，安定的に取水するための方法として，河川水や湖沼水などを活用するダムや河口堰，流況調整河川，農業用水合理化などの水源開発が行われている．

(1) ダ ム

ダムによる水源開発は，河川の水を堰止めて貯留した水を必要なときに放流して水道用水や工業用水などとして利用するものである．ダムの型式には，コンクリートダムとフィルダムの2種類があり，地形や地質などを考慮して決定される．現在では，ダムを建設する適地が減少してきているので，複数の用途を兼ね備えた多目的ダムとして計画されることが多くなっている．

(2) 河口堰

河口堰は大河川の河口近くに河川を横断してつくられる堰である．海水の遡上および浸入による塩害を防止しつつ，河川機能保持のための維持用水を越えて無駄に海に流れる水を節減し，水源として有効に利用するものである．河口堰は，河川の流域の大部分の河川水を利用できるので，水源開発として非常に有効であるが，海域と河川に係る自然生態学的な現象，湛水域の富栄養化現象，湛水による水位上昇で既設堤防よりの漏水と周辺堤内地の地下水上昇にともなう湿田化などに対して対策と注意が必要である．

(3) 流況調整河川

流況調整河川は，二つ以上の河川を水路で接続して，一方の河川に水が不足しているときにはほかの河川から導水して互いに融通しあうことにより，これらの河川の流況を調整し，洪水調節，内水排除，水質保全などの河川管理目的と合わせて水道用水や工業用水などの新たな水資源を開発するものである．おもな流況調整河川として，利根川と江戸川を結ぶ利根川広域導水（北千葉導水）や現在，事業が進められている利根川，霞ヶ浦，那珂川を結ぶ霞ヶ浦導水などがある．

(4) 農業用水合理化

近年の都市化の進展や減反の定着化による水田面積の減少にともない，農業用水で余剰が生じている．農業用水の合理化は，この余剰水を水道用水などに転用することにより，水資源の有効利用を図るものである．農業用水は古くから利用されている素掘りの水路などを用いて導水されている場合が多く，地下への浸透が生じている場合がある．このような水路を補修，改築することにより生み出される水を都市用水に転用する農業用水合理化事業が行われている（合理化転用）．また，減反などにより余剰となった水を単純に転用する場合もある（単純転用）.

また，一般に，農業用水は夏場のかんがい期のみの取水となっているため，転用水量もかんがい期に限られる．そのため，水道として利用する場合は，別途非かんがい期の水をダムなどにより確保する必要があるなど，農業用水の転用に際しては，水道用水側の負担が大きく，必ずしも安価とはいえないのが実態である.

（5）その他

ダム適地が少なくなってきたことなどによって，現在ではダムなどの水源開発の手法が多様化している．既設ダム再開発やダム群連携，水利用高度化，渇水対策ダムなどの事業が進められている.

① 既設ダム再開発：ダムのかさ上げ，貯水池内の掘削などにより既設ダムを有効に活用するもの

② ダム群連携：流域の異なる二つのダムを導水路で相互に連絡することにより，既設ダムを有効に活用するもの

③ 水利用高度化：下水処理水を河川の維持用水として再利用し，その代わりに河川水を新規利水として利用するもの

④ 渇水対策ダム：計画規模を超える異常渇水に備えて，ダムに通常の利水量とは別に渇水対策用の容量を蓄えておくもの

4.1.4　水源の要件と水源選定

水源の選定にあたっては，水量，水質の両面からの要件を考慮して決定することが重要である．水量としては，安定した取水が可能であることは当然であるが，将来にわたる計画取水量も確保できなければならない．また，水質については，清浄で将来にわたって汚濁のおそれが少ないことが条件となる．そのほかにも，新規の水利権設定の困難性や導水方法の相異による経済性などの点を考慮して，各種の水源について比較検討したうえで決定する必要がある.

4.2　貯水施設

4.2.1　貯水施設の必要性

わが国における降雨はほとんどの地方において梅雨期と台風期に集中しており，河川流量は豊水期と渇水期とでは大きな差が生じる．また，河川は急勾配であり，流路は短く，流域面積も小さいことから，降雨は極めて短期間に海へ流出してしまう．したがって，年間を通じて安定して利用できる水量は少なく，さらにこの少量の安定した水量も，そのほとんどがすでに農業用水として利用されていることが多い.

このような事情から，新たな水源を確保するためには，河川の豊水期の流水を貯留

して渇水期に放流することにより流量を平準化する必要がある．このように，年間を通じて安定した水量を確保することを目的としてダムなどの貯水施設が設けられる．

4.2.2　有効貯水量の決定

貯水池計画の策定にあたっては，地形，地質図などの既存資料や現地踏査などから建設予定地とその流域の地理的条件を調査し，建設の可能性について検討するとともに，その流域における既往の流量，雨量，水位，利水状況などの水文資料により，開発可能な水量の概要を把握する必要がある．

また，その後に実施する現地調査のなかでも，水文調査は，できるだけ正確な資料が得られるように実施する必要がある．とくに，流量，利水の変動状況などの調査は，有効貯水量の決定にあたっての基準渇水年の選定に重要な資料となることから，可能な範囲で長期間実施して，確率的に信頼性のある資料とすることが望ましく，少なくとも 10 年間以上の資料の収集が必要である．

貯水容量は，基準渇水年と同じ渇水状況になっても貯水池からの補給水によって必要流量が確保され，安定した取水が可能となるように決定される．したがって，基準渇水年の選定にあたって，水源の安定面からは，長期間の観測資料における既往最大の渇水年とすることが理想であるが，この場合補給水が多量となり，それに必要な有効貯水量は膨大となる．また，短期間の資料から，渇水の程度の低い年を選定すると，有効貯水量は少なくてすむが，水源としての安定度（利水安全度）は低くなる．したがって，一般には事業の経済的効果を考慮して，確率的に 10 年間に 1 回程度の頻度で発生する渇水年を基準としている．これを利水安全度 1/10 という．

有効貯水量の決定は，ダム建設予定地点における，基準渇水年の河川流量と下流放流に必要な流量との差し引き計算によって決定される．ここでいう必要な流量とは，維持流量と利水流量を加えたものである．維持流量は，漁業，観光，塩害の防止，動植物の保存などを総合的に考慮し，流水の清潔保持のために，渇水時にも河川の流水の正常な機能を維持すべきであるとして定められた流量である．利水流量は，水道計画の新規利水に，所定の基準点より下流における既得水利権量などを加えたものである．

有効貯水量の概略計算には，基準渇水年の流量図表，または流量累加曲線図表が用いられる．

流量図表による方法（図 4.4）は，各月，旬ごとに河川流量の変化を図示し，各月，旬の必要流量線 OB を記入する．この両者間に囲まれた最大面積②がその期間における貯水池からの補給水量，すなわち有効貯水量となる．ここで，必要流量が，各月，旬ごとに変化する場合，OB は段階状の直線となる．流量累加曲線図表による方法

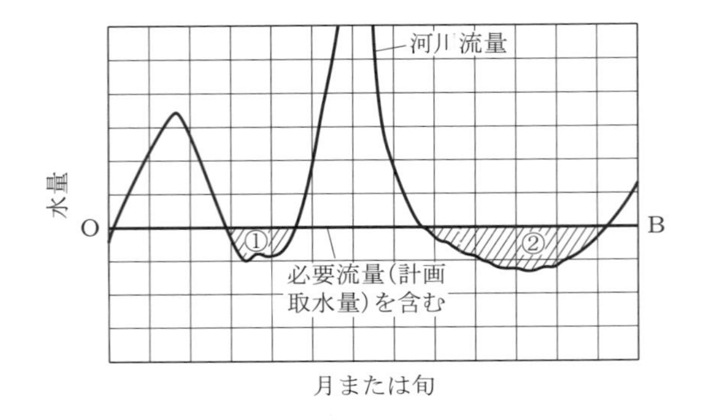

図 4.4　流量図表による方法

(リップルの方法)（図 4.5）は，各月，旬ごとの河川流量および必要流量の累加曲線図表を作成し，河川流量累加曲線の勾配が必要流量累加曲線の勾配を下回った点（M または R）から必要流量累加曲線 OB に平行に引いた線（MN または RS）と河川流量累加曲線との上下の最大距離値がその期間の有効貯水量となる．ここで，必要流量累加が各月，旬ごとに変化すれば，OB は曲線である．

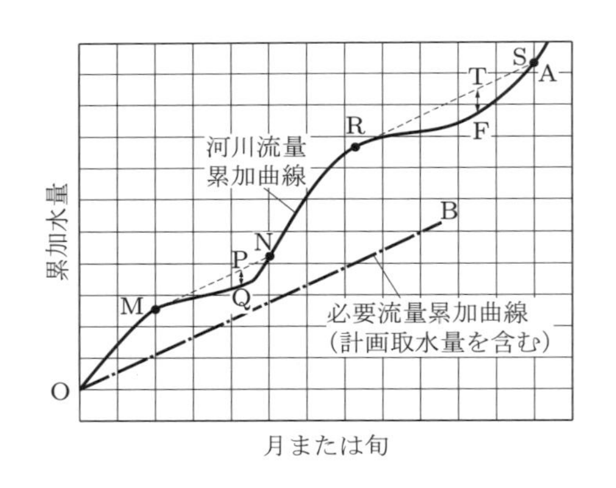

図 4.5　流量累加曲線図表による方法

近年は，大量のデータの処理が可能であり，既存資料を利用して数値計算によって必要流量を求めることが多い．この場合，観測されている日流量や半旬別流量をそのまま使用して，貯水池完成後の貯水池運用の実際に合わせて流入量と放流量の差し引き計算を行って必要な貯水容量を求めることができるので，より正確な値が得られる．さらに，同一水系に複数のダムがある場合に，群として管理を行うことや，そこに新規のダムを建設するときの新規利水量を求めるなどのことが容易に行えるようになった．

●演習問題

4.1　河川における水質の季節変化を説明せよ.

4.2　湖沼や貯水池の停滞期および循環期における水質について説明せよ.

●研究課題

4.1　ダム建設の適地とはどのような条件を備える必要があるかまとめてみよう.

4.2　水源開発の事例について，計画から完成までの水源開発の進め方を調べてみよう.

第5章 取水，導水施設

取水施設は原水を取り入れる施設であり，導水施設は取水施設を経た水を浄水場まで導く施設である．取水施設の設置にあたっては，水質が良好で計画取水量が年間を通じて確実に取水できる地点，規模，取水方法，維持管理などを考慮して計画することが必要である．

5.1 取水，導水施設の計画

5.1.1 計画取水量

取水施設の規模は，計画取水量から決定される．計画取水量は，計画一日最大給水量を基準とし，浄水過程の作業用水，除去される濁質分，導水時の漏水などを考慮して，計画一日最大給水量の10％程度の安全を見込んで決定することを標準としている．

5.1.2 取水施設の要件

取水施設の位置，取水形態は，将来の水道全般の維持管理に大きな影響を及ぼすこととなるので，取水施設の設置に際して次のような要件を考慮する必要がある．

① 水源の状況変化に対応し，所要水量の確保が可能なこと
② 将来とも水質が確保され，汚濁のおそれのないこと
③ 取水施設の維持管理が容易で，将来の改良，更新にもある程度の対応が可能であること
④ 取水施設の建設，維持費が少額であること

取水施設の位置は，③，④を考慮に入れ，自然流下式による導水が可能な地点に計画することが望ましい．

5.1.3 導水施設

導水とは，原水を取水施設から浄水場まで輸送することであり，これに係る施設を導水施設という．導水形態は，地形によって自然流下式とポンプ加圧式に分類される．これを水理学的に分類すると開水路（開渠，暗渠，トンネルなど）と管路になる．

導水施設を設計する際に基本となる計画導水量は，表5.1のように計画取水量から決める．このとき，将来の改良，更新についても考慮して，導水施設の全体計画を決めることが重要である．

表5.1　基本計画水量一覧

項　目	水　量
計画取水量	計画一日最大給水量×1.1程度
計画導水量	計画一日最大給水量×1.1程度
計画浄水量	計画一日最大給水量＋浄水施設内での作業用水など

また，導水施設の事故は，浄水場の機能を停止させ，大規模な断水につながることになるので，路線，形状，材質の決定にあたっては災害に対する安定性ならびに耐久性を十分検討しなければならない．

5.2　地表水の取水地点の選定

5.2.1　調　査

地表水を水源とする場合，取水地点の流況，水質，利水の状況，流域の状況について過去からの資料をできるだけ収集し，計画する必要がある．

（1）流況の調査

計画取水量が安全確実に取水できるかどうかの判断，あるいは取水施設の規模を設計するための資料として次のことを調査する．

① 最大渇水量と最大渇水位
② 最大洪水量と最大洪水位
③ 渇水量と渇水位
④ 平水量と平水位
⑤ 洪水量と洪水位

（2）水質調査

沈殿池，薬品注入装置，ろ過池，排水処理設備などの浄水処理施設の諸元を決定するための資料として次のことを調査する．

① 降雨と濁度の関係
② 年間の水質変化

また，湖沼や停滞性の強い貯水池においては，植物プランクトンの異常発生によって異臭味やろ過障害をともなう場合もあるので，この点についての調査も必要である．

(3) 利水の状況調査

既得水利権や漁業権などと問題を引き起こさないように，河川管理者と十分な協議を行うための資料として次のことを調査する．

① 水利権取得の実態

② 漁業権などの利水の状況

(4) 流域の状況調査

取水地点の水質汚濁の状況，および将来の見通しのための資料として次のことを調査する．

① 汚染源の把握

② 水質保全対策の状況

5.2.2 取水地点の選定

上記の調査結果にもとづいて取水地点を選定するが，そのときには次の要件を考慮する．

① 現在および将来においても計画取水量が取水できる地点であること

② 将来とも良好な水質が確保できる地点であること

③ 流入土砂の堆積などのない地点であること

④ 取水施設が安全に築造できる地点であること

⑤ 汚水の流入箇所を避け，海水などの影響も受けないこと

5.3 地表水の取水施設

地表水の取水施設としては，取水堰，取水門，取水塔，取水枠，取水管渠が一般的に用いられる．

5.3.1 取水堰

取水堰は，図5.1のように河川の水位が低いため所定の取水が困難な場合に，ゲートなどで河川水を堰上げることによって計画取水位を確保し，取水を安定して行うための施設である．取水堰は，大規模構造物となることが多いので，利水，治水に加え，自然環境の保全についての配慮も必要である．

取水堰の設置位置と構造上注意すべき点は，次の点などである．

① 流水の疎通を妨げない構造であること

② 河床の変化が少なく両岸が平行な地点に，できるだけ河川方向に直角に設けること

③ 上流の河川工作物に支障を与えないこと

④ 原則として鉄筋コンクリート構造とすること

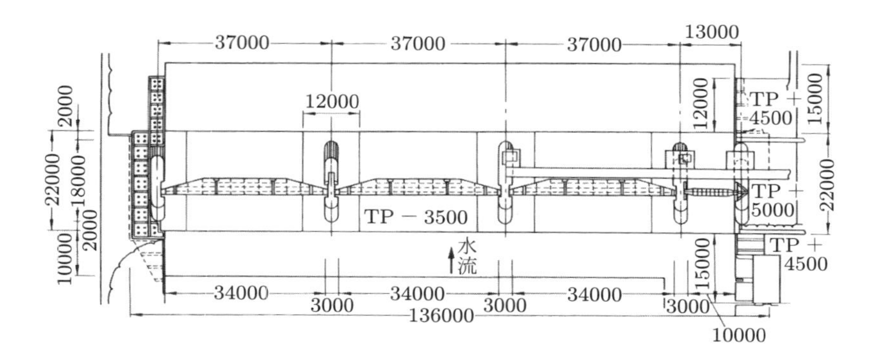

図 5.1　取水堰の構造例

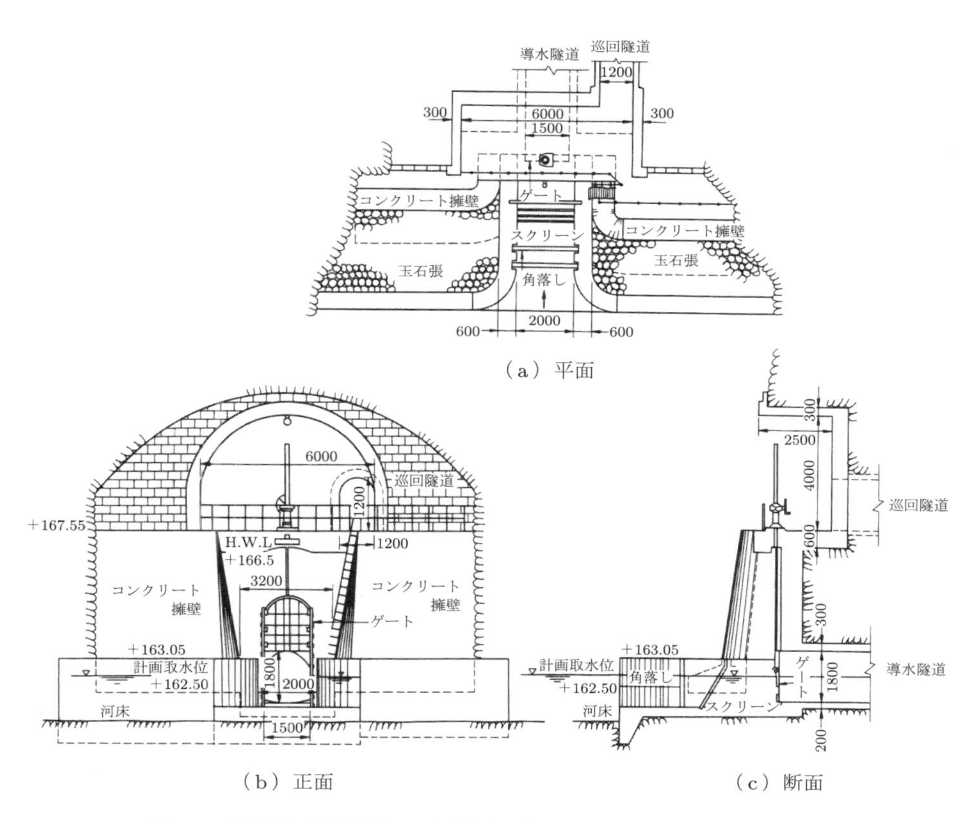

図 5.2　取水門の構造例［日本水道協会：水道施設設計指針・解説（1977 年版），p. 71，図-3.10，日本水道協会，1977.］

⑤ 魚のそ上と降下が可能な魚道を設けること．

5.3.2　取水門

取水門は，図5.2のような，河川や湖沼で水位および河床が安定した地点に設けた，河川水や湖沼水を取水する施設である．角形または馬てい形の流入口に取水量を調整するゲートを設置し，さらにその前面には，流木などの流入を防止するためにスクリーンを取り付ける．比較的中小量の取水に適している．流入速度は1 m/秒以下を標準とする．

取水門を設置するにあたって注意すべき点は，次の点などである．

① 良質堅固な地盤に設けること
② 門柱は原則として鉄筋コンクリート構造とし，門柱とゲートの接触部（戸当たり溝）は円滑な作動と水密が保持される構造であること
③ 積雪や結氷などがゲートの開閉に支障とならないこと

5.3.3　取水塔

取水塔は，図5.3のような，水位変動の大きい河川や湖沼内に設ける塔状の構造物で，側壁に設けた取水口から取水する施設である．湖沼の場合，取水口を多段に設けることにより，水深によって水質を選択して取水することができるという長所がある．

一般に，取水塔は，鉄筋コンクリート構造とし，横断面を円形または小判型とする．河川に設置する場合は，流水の阻害を少なくするために小判形で長軸方向を流向と一致させる．塔体周辺には洗掘防止のために床固めを施工するなどの配慮が必要である．塔体の周囲には，水位の変化に応じて計画取水量が支障なく取水できるように，前面に塵芥よけのスクリーンを設けた数段の取水口を設置する．浮遊物や土砂の流入を少なくするため，取水口の流入速度は河川の場合，15～30 cm/秒，湖沼の場合1～2 m/秒を標準にしている．

取水塔には，維持管理のために，堤防などと取水塔を連絡する管理橋を設けることが望ましい．

5.3.4　取水枠

取水枠は，図5.4のような，河川，湖沼の水中に没して設けられる箱状または円筒状の中小量取水を行う施設である．

取水枠は，河床，湖床の変化の激しいところを避け，安定しているところに設けることが必要である．また，取水口には，河川流下物による損傷や土砂による閉塞を避けるための防護や枠工を設ける．取水枠内への流入速度は，0.5～1 m/秒を標準とする．

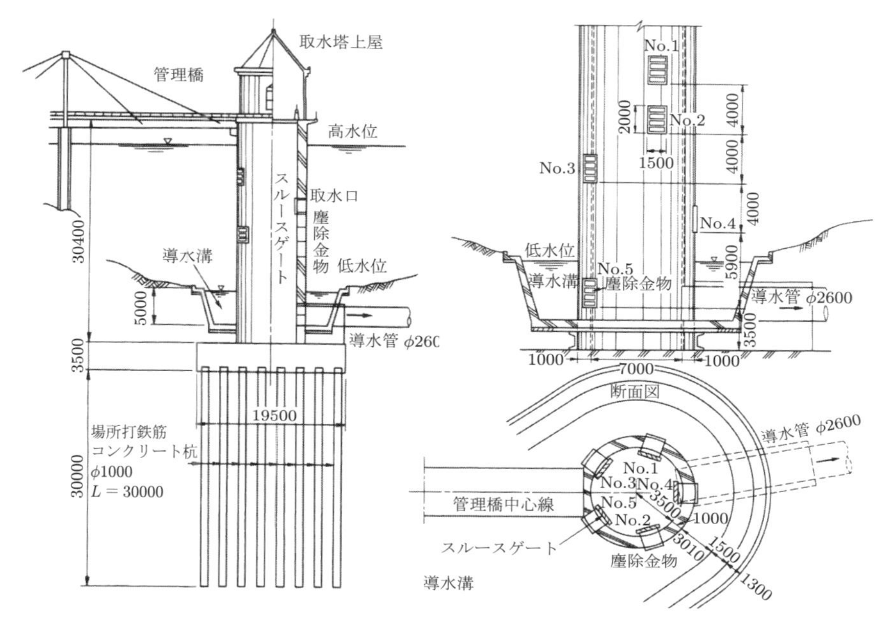

図 5.3 取水塔の構造例［日本水道協会：水道施設設計指針・解説（1977 年版），p. 76，図-3.17，日本水道協会，1977.］

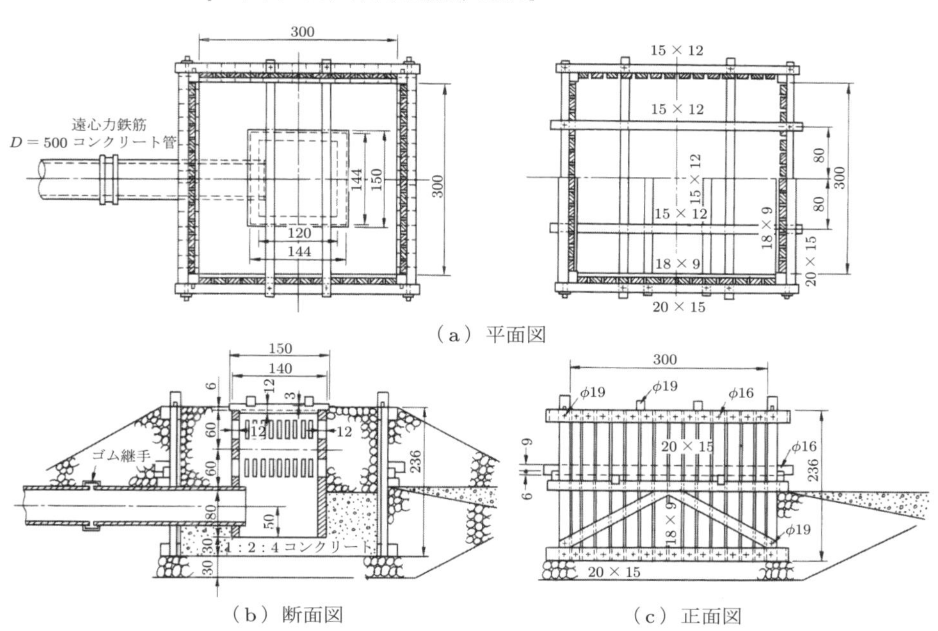

図 5.4 取水枠の構造例［日本水道協会：水道施設設計指針・解説（1977 年版），p. 78，図-3.18，日本水道協会，1977.］

5.3.5 取水管渠

取水管渠は，図5.5のような，複断面河川の低水護岸に設けた取水口から管渠内に地表水を取水し，自然流下により堤内地に導水する施設である．

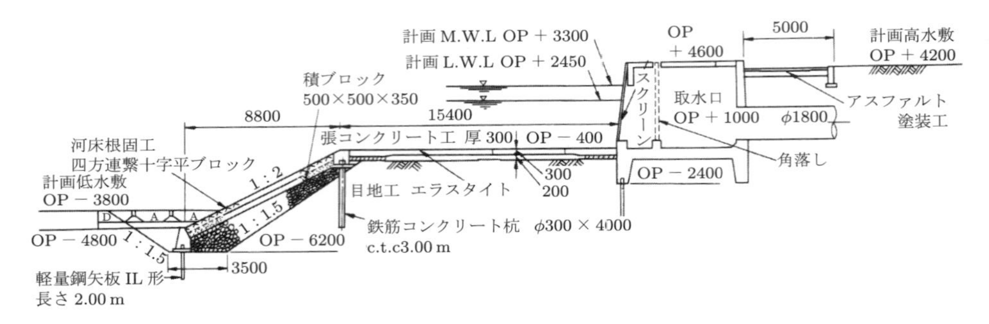

図5.5　取水管渠の取水口部の例［日本水道協会：水道施設設計指針・解説（1977年版），p. 80，図-3.20，日本水道協会，1977.］

一般に，取水管渠は，渇水量，渇水位が取水に必要なだけあり，流況の安定した河川で，中量以下の取水をする場合に適している．常に計画取水量を取水できるように，管渠の内面天端が最大渇水位より30 cm位下になるように布設することが必要である．取水口には，前面に調節用角落しを，その背後にスクリーンを，そして必要に応じて砂だめを設ける．管渠内平均流速は，0.6～1 m/秒である．

5.4 沈砂池

沈砂池は，図5.6のような，取水堰，取水門，取水塔，取水管渠などにより取水した地表水中に含まれる砂を速やかに沈降除去するための施設である．

沈砂池での沈砂効率は，導水施設や浄水施設の機能や各種の機器設備の維持管理に大きな影響を与える．このため，河川のさまざまな流況において，地表水中に含まれる砂の量，粒度分布，比重など，砂の性状を調査し，池の形状，寸法を適切なものとすることが望ましい．

沈砂池の長さ L は通常下記の式で算出する．

$$L = K\left(\frac{H}{v}\cdot V\right) \tag{5.1}$$

ここで，H：有効水深［m］，3～4 m を標準とする．

v：除去すべき砂の沈降速度［cm/秒］

V：池内平均流速［cm/秒］，2～7 cm/秒を標準とする．

K：係数（安全率），1.5～2.0

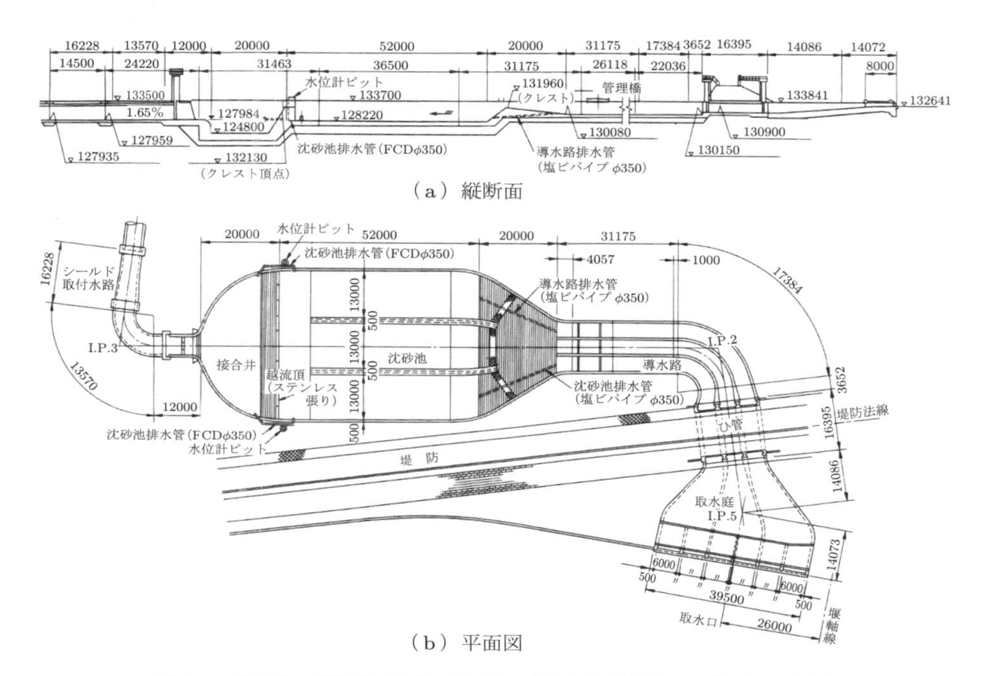

図5.6 沈砂池の構造例[日本水道協会：水道施設設計指針・解説（1977年版），p.90，図-3.27，日本水道協会，1977.]

幅は長さの1/8〜1/3とする．また，その容量は計画取水量の10〜20分間分を標準とする．

沈砂効果を高めるために断面変化の大きい流入部や流出部のところで，うず流や逆流が生じることなく均等な流れになるように，適切に整流壁や導流壁を設けることが必要である．また，維持管理の面から池数は2池以上とし，池底には排砂が容易に行えるように中央部に溝を設ける．沈殿させる粒子径は，0.1〜0.2 mm程度が普通である．10℃の水における比重2.65の砂粒子の沈降速度を表5.2に示す．

表5.2 砂粒子の沈降速度

粒子の径［mm］	沈降速度［cm/秒］
0.30	3.2
0.20	2.1
0.15	1.5
0.10	0.8
0.08	0.6

5.5 地下水の取水施設

地下水の取水施設としては，浅井戸，深井戸，集水埋渠がある．

集水埋渠は，河川敷内あるいは堤内地の伏流水を集水するために，帯水層内に透水性構造の暗渠を設置したものである．

地下水を取水する際には，将来にわたって確実に取水ができるかどうかを見極めることが重要であるため，水量，水質について正確な資料をできるだけ集めることが必要である．地下水は地表からの汚染に弱く，とくに浅いところにある地下水は，工場排水や汚水の地下浸透によって汚染されやすいので十分な配慮が必要である．

地下水の取水地点の選定に際しては，次の要件を考慮する必要がある．

① 付近の井戸または集水埋渠に及ぼす影響が少ない地点であること
② 汚染源を避け，将来も汚染されるおそれのない地点であること
③ 海岸地帯においては海水の影響のない地点であること

5.5.1 地下水の適正揚水量

地下水の揚水量は，次のようにして決定する．

① 揚水試験により得られたデータをもとにして，1井あたりの揚水量を決定する．揚水試験には，表5.3のようなものがある．
② 計画取水量が1井で得られない場合は，影響圏を考慮して井戸の本数を決定する．
③ 2井以上で揚水する場合は，群井試験を行って判定する．

表5.3　揚水試験の種類と目的

揚水試験の方法	目　的
段階揚水試験	限界揚水量および比湧出量の把握
帯水層試験	透水係数，貯留係数の把握
群井試験	複数井戸のある地域の安全揚水量の把握

このとき，段階揚水試験により限界揚水量が求められる場合は，限界揚水量の70%以下を適正揚水量とする．限界揚水量が求められない場合は，揚水試験を行った際の揚水量の範囲内とする．

5.5.2 浅井戸

浅井戸とは，図5.7のような，自由地下水または伏流水を帯水層から取水する比較的浅い井戸で，普通は鉄筋コンクリートの筒状構造物，あるいは鋼鉄製などのストレーナ管を地下に配置し，その底面または側壁に設けた集水口より筒内へ集水し，これをポンプなどで揚水する施設である．

浅井戸の深さは，地表からの汚染を避けるため，なるべく深くすることが望ましい

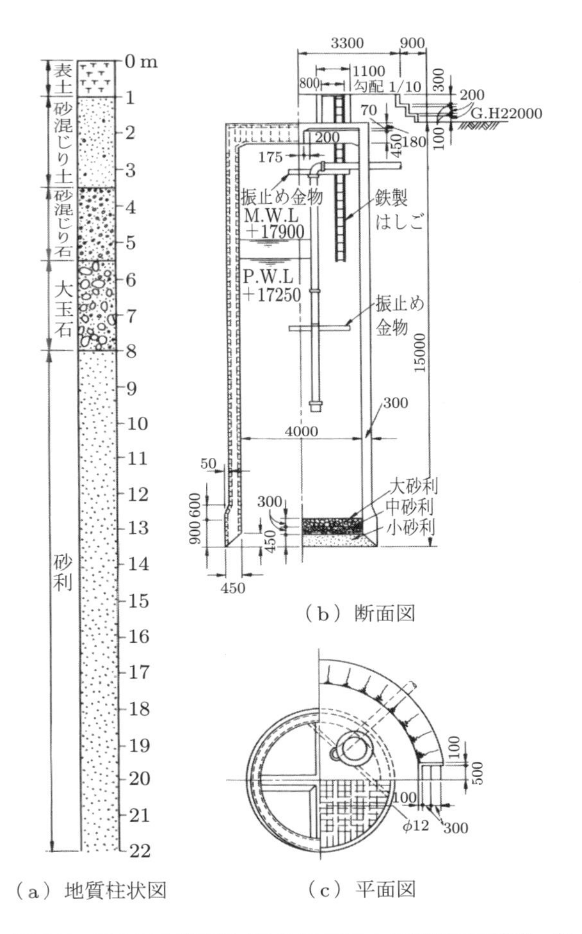

(a) 地質柱状図　　(c) 平面図

図 5.7　浅井戸の構造例［日本水道協会：水道施設設計指針・解説（1977 年版），p. 101，図-3.32，日本水道協会，1977.］

が，通常は 8〜10 m 程度のものが多い．取水量を増すために，図 5.8 のような，多孔集水管を井筒の側壁から水平放射状に設置して集水する形式のもので，放射状集水井あるいは立型集水井とよばれる大口径の浅井戸は，近年施工例が多い．

5.5.3 深井戸

深井戸は，図 5.9 のような，ケーシング（一般に鋼管）を地下の被圧帯水層に挿入して取水する施設である．一般に，深さは 30 m 以上であり，深いものは 600 m 以上に及ぶものもある．

深井戸によって安定した取水を行うには，地下水調査によって良好な帯水層を見出し，これに適したスクリーンの位置や，周辺環境に影響を与えない適正なポンプ容量

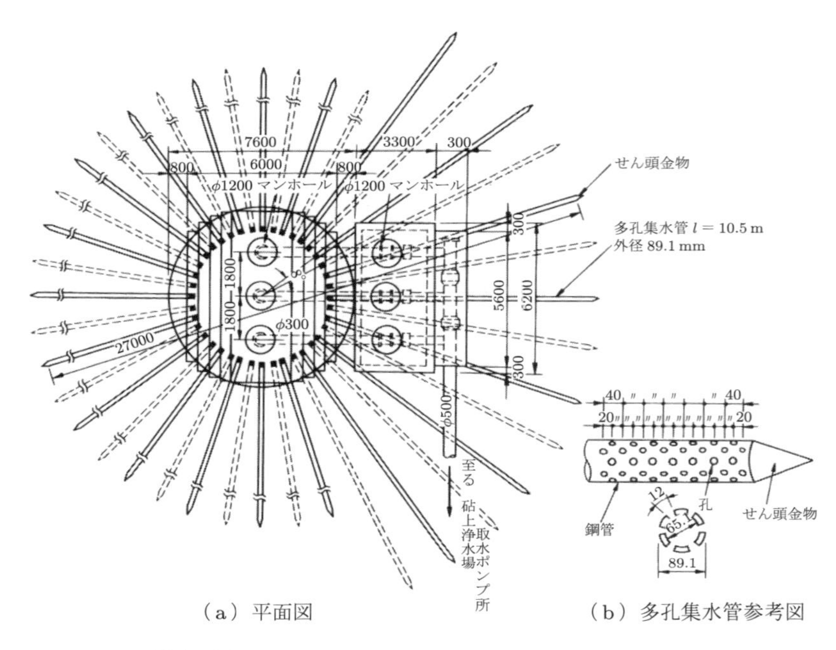

（a）平面図　　（b）多孔集水管参考図

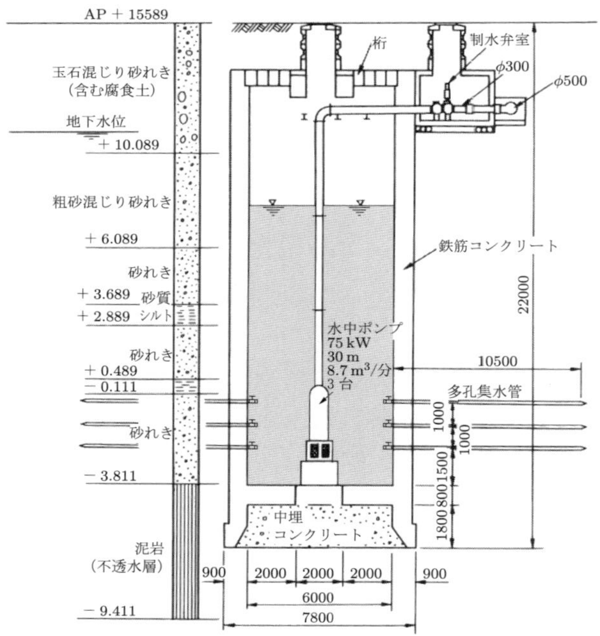

（c）断面図

図 5.8　放射状集水井の構造例［日本水道協会：水道施設設計指針・解説（1977 年版），p. 103，図-3.33，日本水道協会，1977.］

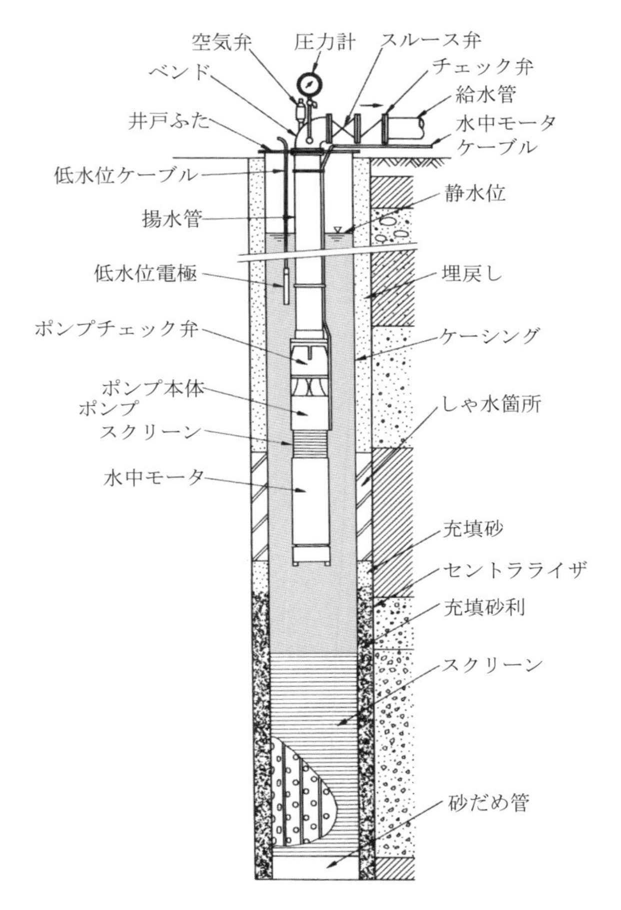

図 5.9　深井戸の構造例［日本水道協会：水道施設設計指針・解説（1977 年版），p. 106，図-3.35，日本水道協会，1977.］

などの選択が必要である．スクリーンの位置は地表からの汚染を避けるため，できるだけ地表面から最初の帯水層を避けて，それよりも下にある帯水層とすることが好ましい．スクリーンは，深井戸において最も重要な要素の一つであり，その良否が深井戸の優劣を決定するといってもよい．スクリーンに流入する地下水の速度は，砂の流入を防ぐためにできるだけ緩やかにする（1.5 cm/秒以下）．また，スクリーンの下部に 5～10 m の砂だめ管をつけておく必要がある．

5.5.4　集水埋渠

集水埋渠は，図 5.10 のような，砂利，砂れきの透水性の良好な帯水層の伏流水や自由地下水の取水に用いられる鉄筋コンクリートの有孔管渠施設である．

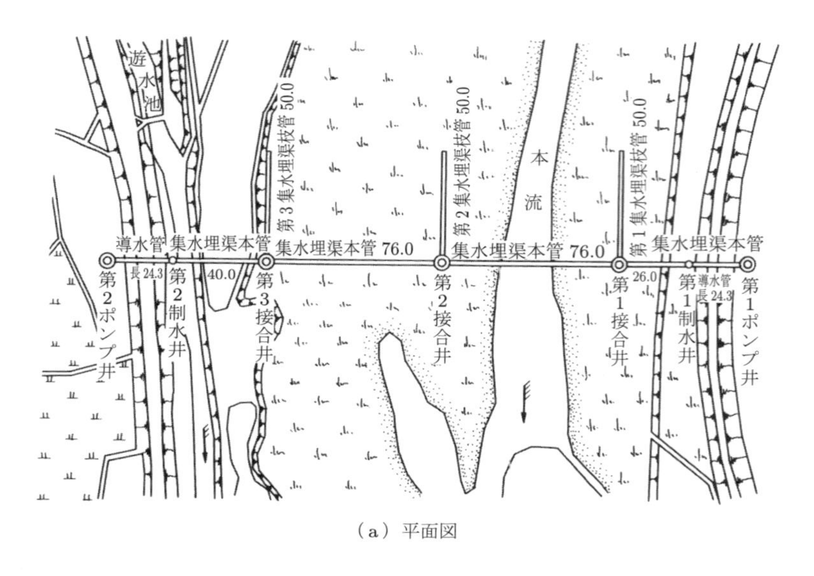

（a）平面図

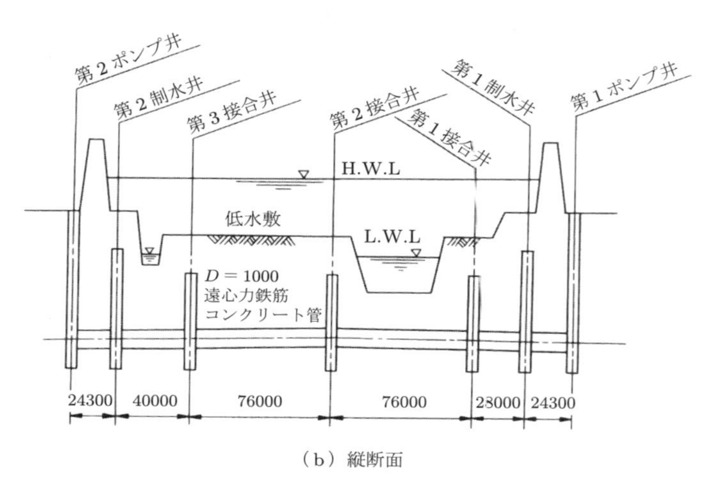

（b）縦断面

図 5.10　集水埋渠の構造例［日本水道協会：水道施設設計指針・解説（1977年版），p. 81，図-3.21，日本水道協会，1977.］

有孔管渠の集水口は，帯水層の状態や流入速度を考慮して決定される．一般に，孔径は 10〜20 mm を標準とし，その数は 1 m^2 あたり 20〜30 個とするが，集水口からの砂の流入を防ぐため，流入速度が 3 cm/秒以下となるように設計する．

集水埋渠は，洗掘防止や直接地表水の影響を受けないように埋設深さは 5 m 程度とし，伏流水が流れる方向と直角にできるだけ水平に近い勾配となるように布設する．集水埋渠流出端の平均流速は 1 m/秒以下とすることが望ましい．

集水埋渠の点検および修理に便利なように，埋渠の終端，分岐点，屈曲点などの必要な箇所には，内径 1 m 以上の接合井を設けるのが一般的である．また，鉄筋コンクリート有孔管は維持管理の面から，管径を 600 mm 以上とすることが望ましい．

5.6　導水施設

5.6.1　導水渠

導水渠は，取水地点から浄水場まで原水を開水路で導く施設で，水理学的には自由水面をもち，重力の作用によって水を流す施設である．この施設には，開渠，暗渠，トンネルがある．

（1）導水渠の流速

導水渠の平均流速は，原水中に含まれる砂粒によって水路内面が摩耗されず，かつそれが水路途中に沈殿しない流速としなければならない．平均流速の許容最大限度は 3.0 m/秒程度，許容最小限度は 0.3 m/秒程度とする．

（2）導水渠断面の決定

一般的な導水渠の断面を図 5.11 に示す．導水施設は，取水地点までの水位変動にかかわらず，常に必要水量を浄水場まで導水できるものでなければならない．このため，取水施設の最低取水位と浄水場の着水井の最高水位から水面勾配を求め，これをもとに導水渠の断面を決定する．また，必要以上に水位差がある場合には，接合井の設置などの方法によってそのエネルギーを減殺しなければならない．

導水渠の平均流速 V［m/秒］の算出には，マニング（Manning）公式とガンギレ

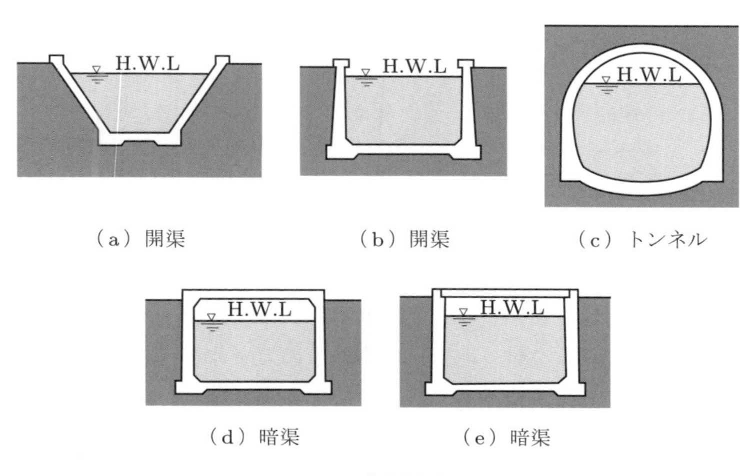

図 5.11　導水渠断面図

ー・クッター（Ganguillet-Kutter）公式があるが，通常はマニング公式が用いられている．

マニング公式

$$V = \frac{1}{n} R^{2/3} \cdot I^{1/2} \tag{5.2}$$

ガンギレー・クッター公式

$$V = \frac{23 + 1/n + 0.00155/I}{1 + (23 + 0.00155/I)(n/R^{1/2})} (R \cdot I)^{1/2} \tag{5.3}$$

ここに，n：粗度係数

R：径深［m］

I：水面勾配

粗度係数 n の一般値を表5.4に示す．

表5.4　マニング公式の粗度係数

壁面の状態	粗度係数
れんが積	0.011～0.015
セメント，モルタル	0.010～0.017
コンクリート	0.012～0.016
木材	0.010～0.015
切石積	0.013～0.017
れきセメント	0.017～0.030

マニング公式とガンギレー・クッター公式の粗度係数は，水面勾配 I が 0.0001 以上，径深 0.3～9.0 m の範囲で実用上同一値と考えてよい．

（3）トンネル，水路橋

導水渠の水面勾配が，地表面下で非常に深くなる山岳貫通部などにおいてはトンネル構造とする．一般に，その断面は馬てい形であり，トンネル高さの80%程度の水深で計画導水量を流せるように断面を決定する．

渓谷や河川横断部分は，水路自体を上部構造とする水路橋とする．構造は，鉄筋コンクリートまたは鋼製の耐久性，水密性の高いものでなければならない．水路橋は，上部荷重が大きい構造となるため，地震時における安全性についての検討が必要である．

（4）余水吐

自然流下式の導水渠の延長が長くなると，下流部で事故が発生した場合，上流部のゲートにより非常止水しても水路の原水が流下し，開渠部において越流を起こしたり，また暗渠部においては圧力水路となり，水路が破壊するなどの被害をもたらすおそれがある．これらを防止するために，水路の途中に数箇所，放流のための余水吐を設ける必要がある．余水吐は計画導水量全量を流せる能力をもつことが望ましい．

5.6.2　導水管

導水管は，取水施設から浄水場の着水井まで，管水路方式により原水を導く施設である．

(1) 管種の選定

導水管の管種決定にあたっては，内圧，外圧，布設地盤の状態などの使用条件，耐久性，経済性を十分検討しなければならない．一般的に使用される管種には，ダクタイル鋳鉄管，鋼管，プレストレストコンクリート管があり，いずれも規格化されているので，特別の使用条件のある場合を除いて規格品のなかから選定すればよい．

(2) 管径の決定

導水渠の場合と同様に，図 5.12 に示す最小の動水勾配を用いて，計画導水量を流せるかどうかの検討を行うとともに，自然流下方式の場合，平均流速の許容最大限度を 3.0 m/秒程度とするように，管径を決めなければならない．

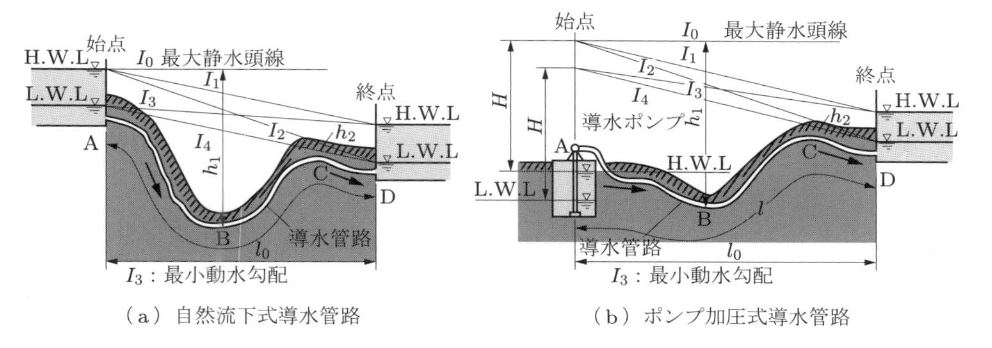

（a）自然流下式導水管路　（b）ポンプ加圧式導水管路

図 5.12　導水管路の動水勾配線の例

管径を決めるにあたっては，ヘーゼン・ウィリアムズ（Hazen-Williams）公式を用いるのが一般的である．ヘーゼン・ウィリアムズ公式については，第 14 章で詳しく説明する．

また，管径の決定にあたっては，建設費と維持管理費を加えた総経費が最も経済的になるよう考慮する必要がある．たとえば，管径を小さくすれば管布設費は安くなるが，損失水頭が増加するため，ポンプ揚程を高くすることが必要となる．管布設費とポンプ設備費，動力費などの関係する費用を年間総経費の形で考え，総経費が最小となる最も経済的な管径を求める．

（3）付属設備

導水管路には，維持管理および事故復旧上各種の付属設備が必要であるが，多くは，送水管と同様に考えてよい．ここでは，とくに導水管に必要な付属設備について述べる．

① 接合井：導水管路の接合井は水圧軽減を目的とすることから，設置位置は実際に作用する静水頭が管種規格の最大静水頭以下となる標高に，かつ排水ができる水路が近くにあるところを選ばなければならない．

② 制水弁：導水管路には，管内の流水の停止と水量の調節を行うための制水弁を設置することが必要である．制水弁は，充水，排水の作業や事故時の復旧などを考慮して1〜3 km 間隔に設けるほか，とくに導水管路の始点，終点には必ず設置する．さらに，伏せ越し，架橋，軌道横断などの事故が発生すると影響が大きく，また復旧が難しい箇所の前後にも設けることが望ましい．

●演習問題

5.1　式(5.1)において，除去すべき砂の沈降速度 v は流量を沈砂池の表面積で割った値に関係することを確かめよ．

5.2　水路幅 4 m，勾配 1/1000，$n = 0.015$ の矩形水路に流量 12 m^3/秒を流すときの平均流速と水深をマニング公式で求めよ．

第6章

浄水施設概説

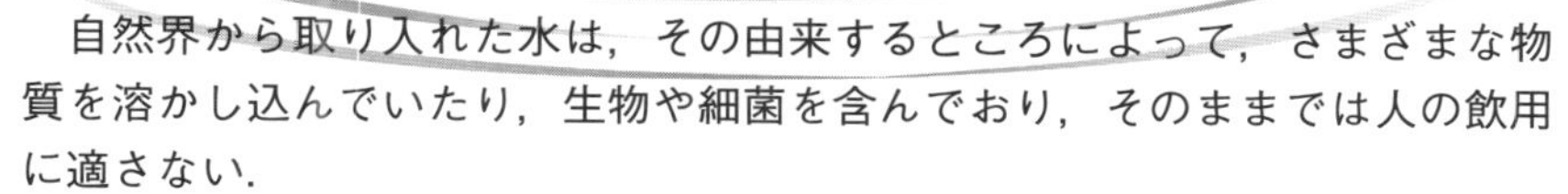

自然界から取り入れた水は，その由来するところによって，さまざまな物質を溶かし込んでいたり，生物や細菌を含んでおり，そのままでは人の飲用に適さない．

そこで，水中に含まれる有害な物質や細菌などを取り除くための操作が必要となる．この操作には，凝集，沈殿，ろ過などがあり，その処理を行う施設を浄水施設といい，それらを適切に組み合わせた一連の処理を浄水処理という．

水道に浄水処理が取り入れられていなかったために，腸チフス，コレラなどの消化器系伝染病を集団的に発生させた事例は，ヨーロッパ諸国で多数ある．水道が，疫学的に安全であり，物理的性質が良好でしかも不快感のない水を供給するためには，適切な浄水処理を施すことが最も重要となる．

最近の動向として，小規模浄水場において膜ろ過施設を導入する例や，原水水質の悪化に対応して，活性炭やオゾンを用いた高度浄水処理を付加する浄水場もある．

6.1 浄水施設の構成

図6.1に浄水処理方法の一般的な選定手順を示す．

浄水処理における浄水施設の構成は，水源の種類によって異なるが，一般的なものは，次の五つに大別される．浄水方法の選定にあたっては，原水の水質，処理水量，用地の取得状況，建設費，維持費，維持管理の難易，管理水準などを考慮して，安全，確実な浄水を得る方法を採用しなければならない．

6.1.1 塩素消毒のみの方式

消毒のみの方式は，処理方法として最も単純であり，排水処理も不要であることなどから維持管理がしやすい．

一般に，良質の地下水や湧水のように，原水の水質が年間を通じて安定して良好で，大腸菌群が100 mL中50以下，一般細菌が1 mL中500以下で，その他の項目が常に水質基準に適合する場合に用いられる方式である．

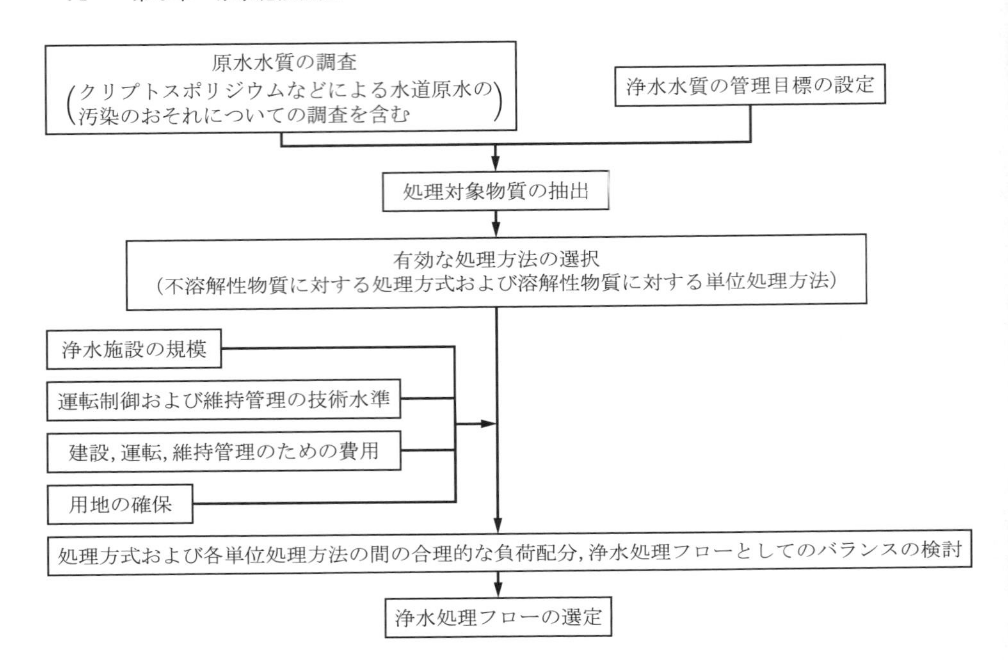

図 6.1　浄水処理方法の一般的な選定手順［日本水道協会：水道施設設計指針（2012 年版）, p. 153, 図-5.1.3, 日本水道協会, 2012.］

しかし, 水道原水が清浄であっても, クリプトスポリジウムなどに汚染されるおそれのある場合は, この方式は採用できない. したがって, 消毒のみの方式が採用できる場合は, 次のような一般に水道原水が糞便による汚染に対して安全とされる条件を満たす必要がある.

① 上流域に発生源がないこと

② 指標菌が検出されていないこと

この方式の基本的なフローは図 6.2 のようになる.

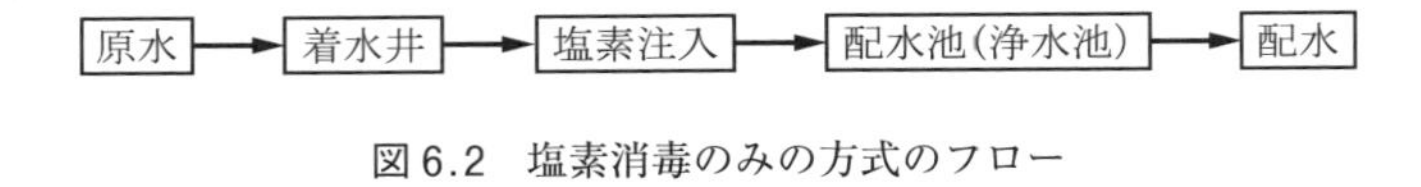

図 6.2　塩素消毒のみの方式のフロー

6.1.2　緩速ろ過方式

緩速ろ過方式は, 緩速ろ過を主体とするもので, 原水の水質が, 大腸菌群 100 mL 中 1000 以下, 生物化学的酸素要求量（BOD）2 mg/L 以下, 最高濁度 10 度以下のときに適用することができる. 原水水質によって, 前処理として普通沈殿池を設ける場合と省略する場合がある. また, 必要に応じて, 沈殿池には薬品処理可能な設備を付加する．最近，小規模浄水場では，普通沈殿池の代わりに繊維ろ過などのろ過を行う例がみられる．

基本フローは図 6.3 のとおりである．

原水
着水井
前処理
緩速ろ過池
塩素注入
配水池(浄水池)
配水

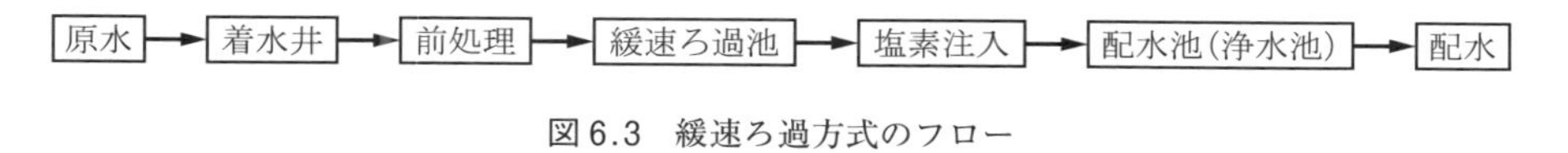

図 6.3　緩速ろ過方式のフロー

6.1.3　急速ろ過方式

急速ろ過方式は，薬品沈殿池と急速ろ過池を主体とするもので，原水水質が塩素消毒のみの方式，緩速ろ過方式以外の場合に採用される方式である．地表水を水源とする場合は，わが国ではほとんど急速ろ過方式を採り入れている．

基本フローは図 6.4 のとおりである．

原水
着水井
薬品注入
急速かくはん池
フロック形成池
薬品沈殿池
急速ろ過池
塩素注入
配水池(浄水池)
配水

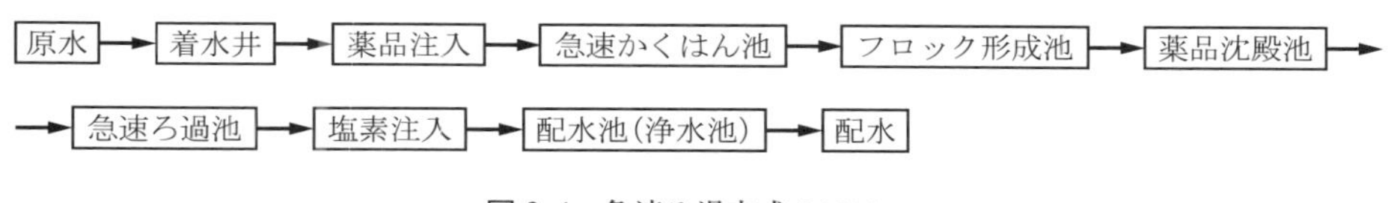

図 6.4　急速ろ過方式のフロー

6.1.4　膜ろ過方式

膜ろ過方式は，急速ろ過方式における凝集，沈殿，ろ過の操作を膜ろ過により行うもので，原水に所要の圧力をかけて膜を通過させることにより不純物を分離するものである．おもに小規模浄水場に用いられ，通常用いられる精密ろ過や限外ろ過では，懸濁物質やコロイドなどの除去を目的としている．遠隔制御による無人運転が可能であり，クリプトスポリジウム対策としても採用されることが多い．なお，高濁度の場合は，緩速ろ過前処理と同様の前処理が必要となる．

基本フローは図 6.5 のとおりである．

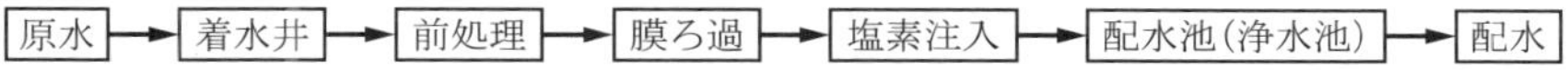

原水
着水井
前処理
膜ろ過
塩素注入
配水池(浄水池)
配水

図 6.5　膜ろ過方式のフロー

6.1.5　高度浄水処理およびその他の処理を含む方式

原水中に多量の鉄，マンガン，侵食性遊離炭酸，色度，臭気などを含み，6.1.1～6.1.4 項の方式では水質基準に適合する浄水が得られない場合には，それぞれの成分を除去するための，高度浄水処理またはその他の特殊処理を付加しなければならない．

6.2 計画浄水量

浄水施設の設計の基本となる計画浄水量は，計画一日最大給水量をもとに，浄水施設内で必要とする作業用水や雑用水などを加えたものとする．

浄水施設の能力は，計画浄水量を常時安定して処理できるものでなければならないため，施設の更新，改良あるいは事故時などにおいても，この能力が確保できるように，計画浄水量の25%程度の予備力をもつことが望ましい．

6.3 浄水施設の配置

浄水施設は，その保守や事故などの不測の事態が発生した場合にも，施設全体を停止させることなく機能を維持できるように，系統を複数にしたり，各系統を相互に連絡して危険分散を図った配置としなければならない．

また，環境条件を考慮して，騒音の発生源となる設備は，できるだけ民家から遠い位置に配置したり，将来の改良，更新を考慮した配置としたりする．

図6.6に緩速ろ過方式の場合，図6.7に急速ろ過方式の場合の配置例を示す．

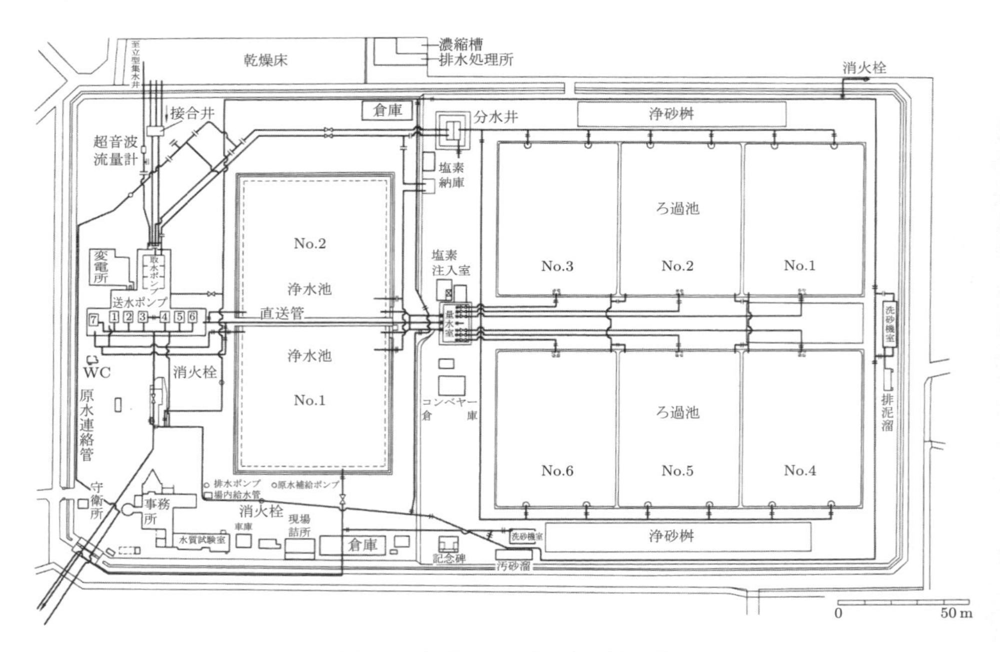

図6.6　緩速ろ過方式の浄水場の例

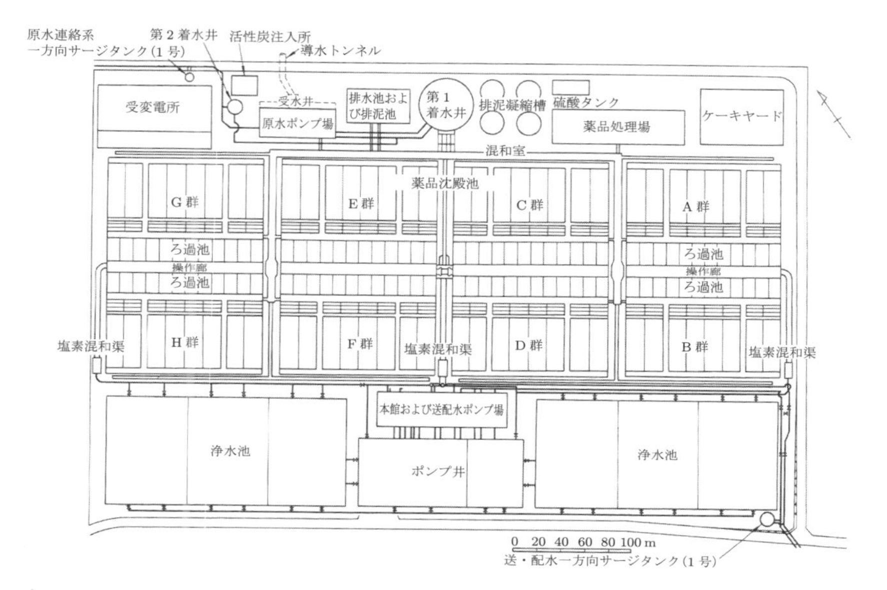

図6.7　急速ろ過方式の浄水場の例

6.4　着水井

着水井は，導水施設から流入する原水の水位変動を安定させ，原水量を測定し，その量の調整を行い，後続の浄水処理が適切に，かつ容易に行えることを目的として設置する．

着水井の滞留時間は1分30秒以上とし，水深は3.0～5.0 mとする．

着水井以降の浄水施設内は，通常，自然流下で水を流す．その場合，各施設や連絡管内で生じる損失水頭を考慮して高低差を設けなければならない．

図6.8は，着水井の例である．

図6.8　着水井の例

6.5 浄水池

浄水池は，浄水過程の最終部分に設けられ，浄水場で処理された浄水を送水する際に，浄水量と送水量の調整を行うためのものである．

浄水処理は，できるだけ一定の割合で行うのがよいが，送水量は，若干需要の変動に影響される．また，浄水場で，停電などの不測の事故が発生した場合にも，その影響を直接，給水に及ぼさないようにしなければならない．このような変動量を吸収するための浄水池の容量は，計画浄水量の1時間分以上とする．原則として，池数は2池以上とする．

有効水深は，3〜6 m 程度が標準である．浄水池の構造や形式は，配水池に準じる．

なお，浄水場から直接需要者へ配水する場合は，浄水池に配水池の機能をあわせもたせることになる．

●研究課題

6.1　着水井から浄水池まで，緩速ろ過方式と急速ろ過方式について，水位関係を調べてみよう．

6.2　原水水質に対応した浄水方式の適用可能性について調べてみよう．

第7章

凝集，沈殿施設

水よりも重い粒子は，静かな流れのなかでは沈降して水と分離する．この原理を利用した処理が沈殿処理である．

しかし，原水中のコロイド粒子は負に荷電しており，そのままでは互いに反発して沈殿しないため，凝集剤を用いて濁質コロイドの電荷を中和し，沈殿しやすいフロックを形成することが凝集処理である．

7.1 凝集池，フロック形成池

7.1.1 凝集，フロック形成の理論

天然水中に存在するコロイド粒子は，ほとんどが負の電荷を帯びており，相互の荷電によって反発しあい，安定な分散系を構成している．

このような粒子は，そのままでは沈殿もしないし，ろ過池で捕らえることもできない．そこで，凝集とフロック形成の過程を経て，コロイド状の濁質の性状を変え，沈殿，ろ過の操作で除去できるようにする必要がある．

コロイド状の濁質が存在する原水に，アルミニウムや鉄などの無機塩を加えると，加水分解して，正に荷電した多価の金属水酸化ポリマー（高分子）になる．除去すべき粘土や細菌などは，負に荷電しているので，これに正に荷電したポリマーが作用することで，表面電荷を中和して相互の反発力がなくなる．さらに，ポリマーが懸濁粒子間の架橋作用を果たすことで，より凝集効果が出ることになる．

コロイドの負の荷電を，凝集剤の正の荷電で中和することによって，コロイドがもっていた電気的反発力を失わせることになり，反発力を失ったコロイド粒子は，粒子相互間にはたらくファンデルワールス力によって結合する．コロイド表面の電気的性質を示すのに，ゼータ電位が用いられる．この電位がその絶対値で大きいと，粒子相互間の電気的反発力が大きく，凝集しない．一般に，± 10 mV 程度の範囲にあれば，ファンデルワールス力による結合が可能となる．

凝集剤を添加した後は，できるだけ急速でかくはんし，濁質を微少なフロックにする．この段階を凝集処理という．

凝集過程を経た微小フロックは，緩やかなかくはんを加えることによって，互いに

衝突を繰り返して大きなフロックへと成長していく．この過程をフロック形成といい，粒子相互間のファンデルワールス力のほかに，添加した凝集剤のもつ架橋作用によって達成される．

図7.1にフロック形成状況の写真を示す．

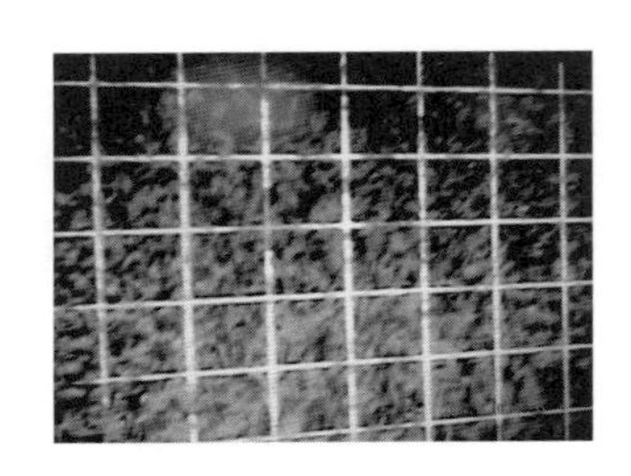

図7.1　フロック形成状況写真

7.1.2　凝集剤

凝集剤は，原水中に含まれる懸濁物質をフロックの形に凝集させ，沈殿しやすくかつろ過池での捕捉を容易にするために注入する薬品である．

硫酸アルミニウムは，硫酸ばんどともよばれ，固体と液体があり，取扱いの容易さからほとんど液体で用いられる．硫酸アルミニウムは，ほとんどの濁質に対して有効であるが，高濁度のときや低水温時などでは凝集効果が低下するので，凝集補助剤†が必要となる．

ポリ塩化アルミニウムはPACとよばれ，硫酸アルミニウムに比べて優れた凝集性を示し，適用pH値範囲が広く，アルカリ度の低下量も少ないなどの特徴がある．また，一般に凝集補助剤を必要としないことが多い．

表7.1に凝集剤の規格を示す．

7.1.3　凝集剤の注入率

凝集とフロック形成を良好に行うためには，凝集剤の注入率が適正でなければならないが，凝集剤の適正注入率は，薬品の種類，原水の濁度，アルカリ度，pH値，と複雑に関係しており，理論的に算出することが困難である．そのため，最適注入率は通常，ジャーテストを行い，各種注入率での比較試験をして，最も凝集，沈殿効果の優れた注入率を求めることによって決める．

また，原水濁度の急変時には，ジャーテストによって凝集剤の適正注入率を把握することが時間的に困難な場合がある．このような場合のために，原水の濁度とアルカリ度の測定結果から，直ちに凝集剤およびアルカリ剤の適正注入率が求められる表あ

† 詳しくは11.1.5項で説明する．

表 7.1 凝集剤の規格[7]

凝集剤の種類	水道用硫酸アルミニウム（水道用硫酸ばんど）		水道ポリ塩化アルミニウム（水道用塩基性塩化アルミニウム）	塩化第二鉄			水道用ポリシリカ鉄					
規格	JWWA K 155：2005 $Al_2(SO_4)_3 \cdot xH_2O$		JWWA K 154：2005 $[Al_2(OH)_nCl_{6-n}]_m$	JIS K 1447-1956 $FeCl_3 \cdot nH_2O$			JWWA K 159：2010					
	固体	液体		1種	2種	3種	PSI-025			PSI-050		PSI-100
外観	—	無色～黄味がかった薄い褐色の透明な液体	無色～黄味がかった薄い褐色の透明な液体	—	—	—	黄褐色で透明の液体					
鉄質量［%］	—	—	—	—	—	—	4.0～4.2	6.0～6.3	8.0～8.4	2.5～2.7	4.0～4.2	2.0～2.1
二酸化ケイ素/鉄のモル分率	—	—	—	—	—	—	0.23～0.27			0.47～0.53		0.93～1.07
比重	—	—	1.19 以上（20℃）	40℃以上（ボーメ 15/4℃）	45℃以上（ボーメ 15/4℃）	48℃以上（ボーメ 15/4℃）	—			—		—
密度（20℃）[kg/L]	—	—	—	—	—	—	1.10～1.17	1.16～1.18	1.24～1.27	1.06～1.09	1.12～1.25	1.06 以上
酸化アルミニウム（Al_2O_3）[%]	15.0 以上	8.0～8.2	10.0～11.0	—	—	—	—			—		—
塩化第二鉄（$FeCl_3$）［%］	—	—	—	37 以上	41 以上	44 以上	—			—		—
塩化第一鉄（$FeCl_2$）［%］	—	—	—	0.30 以下	0.25 以下	0.20 以下	—			—		—
遊離酸（HCl）[%]	—	—	—	0.50 以下	0.25 以下	0.25 以下	—			—		—
マンガン（12 mgFe/L，注入溶液）[mg/L]	—	—	—	—	—	—	0.005 以下					
ニッケル（12 mgFe/L，注入溶液）［mg/L］	—	—	—	—	—	—	0.001 以下					
ヒ素（12 mgFe/L，注入溶液）［mg/L］	—	—	—	—	—	—	0.001 以下					
アンモニア態窒素（12 mgFe/L，注入溶液）［mg/L］	—	—	—	—	—	—	0.01 以下					
pH 値	3.0 以上（10 g/L 溶液，約 20℃）	3.0 以上（20 g/L 溶液，約 20℃）	3.5～5.0（10 g/L 溶液，約 20℃）	—	—	—	2.0～3.5（10 g/L 溶液）					
不溶分［%］	0.1 以下	—	—	—	—	—	—			—		—
硫酸イオン（SO_4^{2-}）［%］	—	—	3.5 以下	—	—	—	—			—		—
塩基度［%］	—	—	45～65	—	—	—	—			—		—

るいは図を，人工的な高濁度水を用いたジャーテストの結果などから，あらかじめ作成しておくとよい．

さまざまに変動する原水水質に対して，常に最適注入状態を維持することはできないし，その率を理論的に決定する方法もない．そこで，実プラントを模したジャーテストが有効な手段となる．現在用いられているジャーテスタ（図7.2）とその方法は，横流式沈殿池のような連続流を模したものであるため，横流式沈殿池には，得られた注入率をそのまま使うことができる．しかし，高速凝集沈殿池のような循環流の場合には，必ずしも等値とはならないので，おおよその目安として注入率を設定し，実運転のなかで修正していかなければならない．図7.3にジャーテストの一例を示す．

図7.2　ジャーテスタ

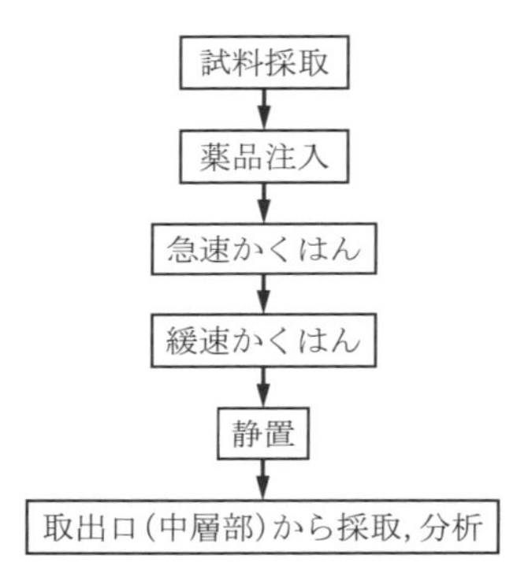

図7.3　ジャーテストの一例

7.1.4　アルカリ剤

凝集剤が，水に溶解して水酸化物をつくるためには，水中に適当なアルカリ分が存在しなければならない．アルカリ分が不足する場合には，アルカリ剤を注入してその不足を補う必要がある．台風などの増水時にはアルカリ分が減少する．原水中のアルカリ度が，30〜50 mg/L であれば問題ないが，これを下回るときには，アルカリ剤を用いる必要がある．

一般に用いられるアルカリ剤には，水酸化カルシウム（消石灰），炭酸ナトリウム（ソーダ灰），水酸化ナトリウム（かせいソーダ）がある．

水酸化カルシウムは使用する割合が少なくてすみ，費用も安いが，溶解しにくく，急速ろ過池のろ層を固着させるおそれがあるなどの欠点がある．炭酸ナトリウムは粒状のものは扱いやすい．液体水酸化ナトリウムは劇物であり，取扱いに注意を要するが，注入操作は容易である．

7.1.5　凝集補助剤

降雨による高濁度や，冬期の低水温時などに，アルカリ剤を用いても沈殿水の濁度が上昇し，ろ過水濁度も上がることがある．このような場合，フロックを大きくして沈殿分離を容易にしたり，フロックの強度を増してろ過池での捕捉をよくしたりするために，凝集補助剤を用いる．

凝集補助剤としては，活性ケイ酸などがある．活性ケイ酸はケイ酸ナトリウムを酸（硫酸，塩酸，二酸化炭素など）により，ケイ酸塩の高分子コロイドとして活性化させたもので，凝集補助剤としての機能は優れているが，注入装置内でのゲル化，ろ過池の損失水頭の上昇が大きく，また活性化の操作に難点がある．

ポリアクリルアミド系高分子凝集補助剤も「水道施設の技術的基準を定める省令」の制定にともない，その注入によって水に付加される物質（とくにアクリルアミドモノマー）が基準を超えない範囲で使用することが可能である．

7.1.6　薬品注入設備

薬品の注入量は，処理水量に注入率をかけて求める．配水量の変化や原水の水質によって処理水量，注入率ともに変化するので，最大注入量と最小注入量には大きな差が生じる．

薬品注入設備は，最大注入量と最小注入量の範囲をすべて安定して注入でき，しかも余裕をもっていなければならない．

薬品の注入方式は表 7.2 に示すように湿式と乾式がある．

表 7.2　薬品注入方式［日本水道協会：水道施設設計指針（2012 年版），p. 183，表-5.3.6，日本水道協会，2012.］

	薬品の種類	注入方式	摘　要
凝集剤	液体硫酸アルミニウム	湿式	酸化アルミニウム（Al_2O_3）換算として 6～8％のものを使用する．
	ポリ塩化アルミニウム	湿式	酸化アルミニウム（Al_2O_3）換算として 10～11％のものを使用する．
	固体硫酸アルミニウム	湿式	水溶液として注入する．
	ポリシリカ鉄（PSI-025）	湿式	鉄（Fe）換算として 4～6％のものを使用する．
酸剤	硫酸	湿式	硫酸（H_2SO_4）濃度 98％を 80～100 倍に希釈したものを使用する．
	塩酸	湿式	塩酸（HCl）濃度 35％を 4 ～ 5 倍に希釈したものを使用する．
	炭酸ガス	湿式	液化ガスを気化器を使用して注入する．

表7.2　薬品注入方式（続き）［日本水道協会：水道施設設計指針（2012年版），p. 183，表-5.3.6，日本水道協会，2012.］

	薬品の種類	注入方式	摘　要
アルカリ剤	液体水酸化ナトリウム（かせいソーダ）	湿式	水酸化ナトリウム（NaOH）濃度20～25％に希釈したものを使用する．
	水酸化カルシウム（消石灰）	乾式または湿式	水酸化カルシウムは粉体のまま使用する場合と，石灰乳または飽和水溶液などを一定濃度の水溶液として注入する場合がある．
	炭酸ナトリウム（ソーダ灰）	乾式または湿式	炭酸ナトリウムは細粒状のものを乾式で注入する場合と，バッチ式で一定濃度の水溶液として注入する場合がある．

7.1.7　薬品混和池

凝集剤と水中の濁質コロイドを効果的に接触させるための施設が薬品混和池である．凝集剤の水中での重合反応は，極めて速いので，混和池内には，急速にかくはんさせるための装置が必要である．

薬品混和の方式には，機械かくはん式，跳水式，阻流板式，拡散ポンプ式がある．最も一般的なのが機械かくはん式で，フラッシュミキサーとよばれるものである．これは，鉛直軸のまわりに数枚の羽根が付いた回転軸を備え，これを周辺速度1.5 m/秒以上で回転させて混和するものである．

混和のための時間は1～5分が標準で，原水の水質によって変化する．粒径の小さい有機質のコロイドを大量に含んでいる場合には，負の電荷量が大きいので十分な混和を行わなければならないが，粘土質コロイドを主体とする場合は，短時間でよい．

7.1.8　フロック形成池

フロック形成池は，沈殿池の前に設け，混和池でつくられた微小フロックを，フロッキュレータや阻流板をもつ迂流水路などによって，緩やかにかくはんしてフロックの成長を促進させるための施設である．

フロッキュレータの代表的なものに，パドル式フロッキュレータ（図7.4）がある．パドルの周辺速度は，成長したフロックを破壊したり沈殿させたりしないために，15～80 cm/秒程度である．

迂流水路の流速は，15～30 cm/秒を標準としている．

フロック形成池の容量は，計画浄水量の20～40分間分とする．

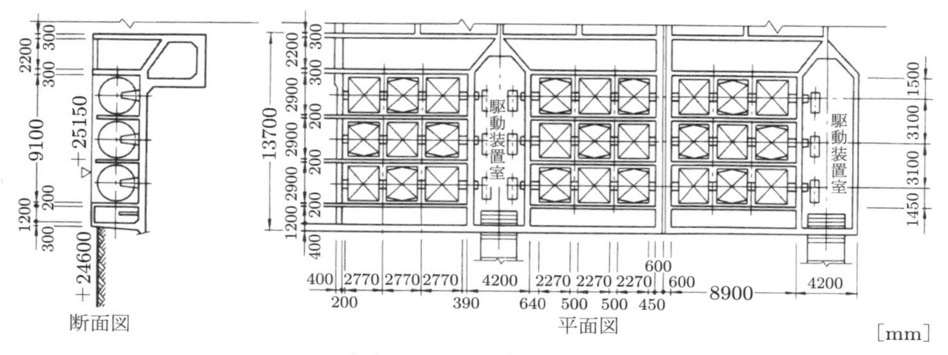

（a）フロック形成池の構造

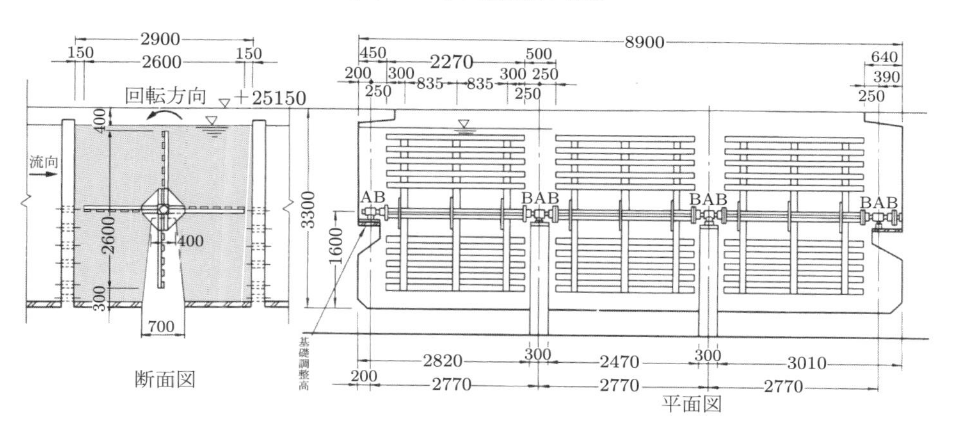

（b）フロッキュレータ据付図

図 7.4　フロック形成池とフロッキュレータの例［日本水道協会：水道施設設計指針（2012 年版），p. 188，図-5.4.6，日本水道協会，1977.］

7.2 沈殿施設

7.2.1 沈殿理論

沈殿には，粒子がほかの粒子との衝突によって結合することなく単独粒子として沈降する場合と，粒子間の衝突により粒子が結合して沈降速度が変化する場合がある．後者をとくに干渉沈殿とよび，粒子の挙動が非常に複雑になるため理論的に解明することは難しい．

（1）ストークスの法則

液体中にある 1 個の微粒子が，その沈降の過程において，その大きさや重さを変えないものと仮定する．このような微粒子が静止した水のなかを沈降するとき，最初は加速されてしだいに速度を増すが，粒子が沈降しようとする力（粒子にはたらく重力と浮力の差）と水の粘性によって生じる摩擦抵抗力とが等しい状態になると，粒子は等速度で沈降するようになる．このときの速度を限界沈降速度という．

粒子を球形とした場合，沈降しようとする力 F_1 は，次式のようになる．

$$F_1 = \frac{\pi d^3}{6}(\rho_s - \rho)g \tag{7.1}$$

ここに，d：粒子の直径［cm］

ρ_s：粒子の密度［g/cm^3］

ρ：水の密度［g/cm^3］

g：重力の加速度［cm/秒^2］

一方，粒子と水の間にはたらく抵抗力 F_2 は，次式のようになる．

$$F_2 = \frac{1}{8}C_d \rho {v_s}^2 \pi d^2 \tag{7.2}$$

ここに，C_d：抵抗係数

v_s：限界沈降速度［cm/秒］

限界沈降状態では，この二つの力が等しいはずであるから，$F_1 = F_2$ とおいて v_s について解くと，次式が得られる．

$$v_s = \sqrt{\frac{4}{3}\cdot\frac{d}{C_d}\cdot\frac{\rho_s - \rho}{\rho}g} \tag{7.3}$$

抵抗係数 C_d は，レイノルズ数 Re の関数である．図7.5に C_d と Re の関係を示す．これからもわかるとおり，$Re < 1$ の範囲では，$C_d = 24/Re$ で表される．

また，水の動粘性係数を ν とすると，$Re = v_s d/\nu$ であるから，次式が得られる．

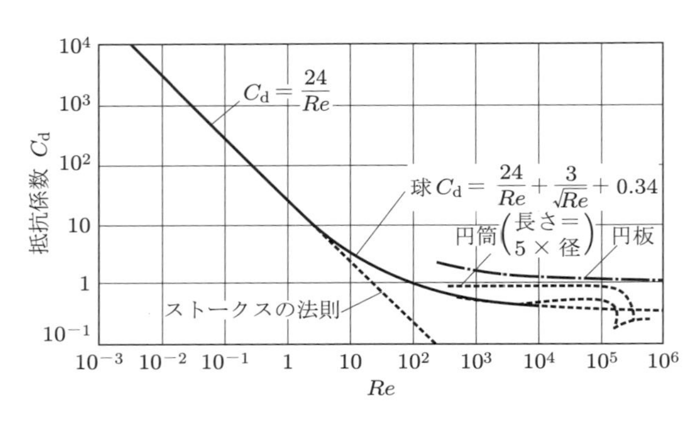

図7.5　粒子の抵抗係数 C_d と Re の関係

$$v_s = \frac{1}{18}\frac{\rho_s - \rho}{\mu}d^2 g \tag{7.4}$$

式(7.4)がストークスの式とよばれ，$Re < 1$ の範囲での限界沈降速度を表す．

浄水処理で扱う粒子の径は小さく，$Re < 1$ の範囲で考えてよいので，ストークスの式が最もよく適用される．しかし，Re が1より大きくなる場合は，次のラウスの式を用いて C_d を求め，式(7.3)から沈降速度を求める．

$$C_d = \frac{24}{Re} + \frac{3}{\sqrt{Re}} + 0.34 \tag{7.5}$$

（2）表面負荷率と理想的沈殿池

理想的沈殿池とは，図7.6に示すような沈殿池で，流入帯，沈殿帯，沈積帯，流出帯の四つの部分からなり，次の仮定を満たす沈殿池である．

① 流れの方向が水平で，沈殿帯のすべての部分で水平流速 v は一定で，完全な押し出し流れをなす．

② 各径の懸濁粒子濃度は，流入帯から沈殿帯に入る際，全水深を通じて一様である．

③ 沈積帯にいったん沈下してきた粒子は再浮上がない．

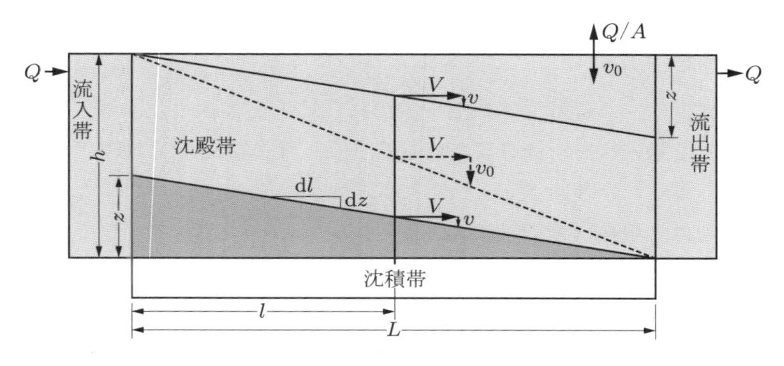

図7.6　理想的沈殿池

沈殿帯に流入したときに水面にあった粒子が流出帯に入るところでちょうど底に達する粒子の沈降速度を v_0 とすると，$v \geqq v_0$ の粒子はすべて除去される．$v < v_0$ の除去率は，v/v_0 で示される．池内の平均流速を V とすれば，沈殿池の滞留時間は，$t = L/V$ となる．

$$v_0 = \frac{h}{t} = \frac{h}{L/V}，\quad 流量\ Q = VBh \qquad (B：池の幅)$$

であるから，

$$v_0 = \frac{Q}{LB} = \frac{Q}{A} \qquad (A\text{ は沈殿池の表面積})$$

となる．

この流量 Q を沈殿池の表面積 A で割った値（Q/A）を表面負荷率という．表面負荷率よりも沈降速度の大きな粒子はすべて除去されることから，沈殿効率はこの表面負荷率によって決まる．

（3）沈殿効率

沈殿効率 E は，

$$E = \frac{v}{\sqrt{Q/A}} \qquad (7.6)$$

の形で表され，沈殿池の水深や，長さ，滞留時間に無関係な形となっている．すなわち，表面負荷率に反比例する関係になっている．これからもわかるとおり，効率を高めるためには，次のようにする．

① 沈殿池の沈降面積を大きくする．
② フロックの沈降速度を大きくする．
③ 流量を少なくする．

沈降面積を大きくするには，沈殿池の中段に仕切板を入れるとよい．そうすることで，沈殿効率は2倍になる．同様に仕切板を3枚にすることで，効率は3倍になる．この考え方から導かれた沈殿池が，多階層沈殿池である．

多階層沈殿池は，用地面積の割に大きな容積のものをつくることができるので沈殿効率も高くなる．その反面，構造が複雑で管理も難しくなるので，採用に際しては十分検討する必要がある．

階層数を増やしていけばいくほど，沈殿効率はよくなるという考え方を押し進めた結果が，傾斜板沈殿装置である（図7.7）．

図7.8に示すように，水深 H の沈殿池に傾斜板を挿入すると，沈殿効率が H/h 倍に増大する．このことを見方を変えれば，H/h 階層の多階層沈殿池を形成しているのと同じである．

フロックの沈降速度を大きくして，沈殿効率をよくしようという試みは古くから数多くなされてきた．大きく，重いフロックをつくるために，凝集剤や凝集補助剤についての研究や凝集方法についての調査研究が行われてきた．その成果が，高速凝集沈殿池として実用化されている．

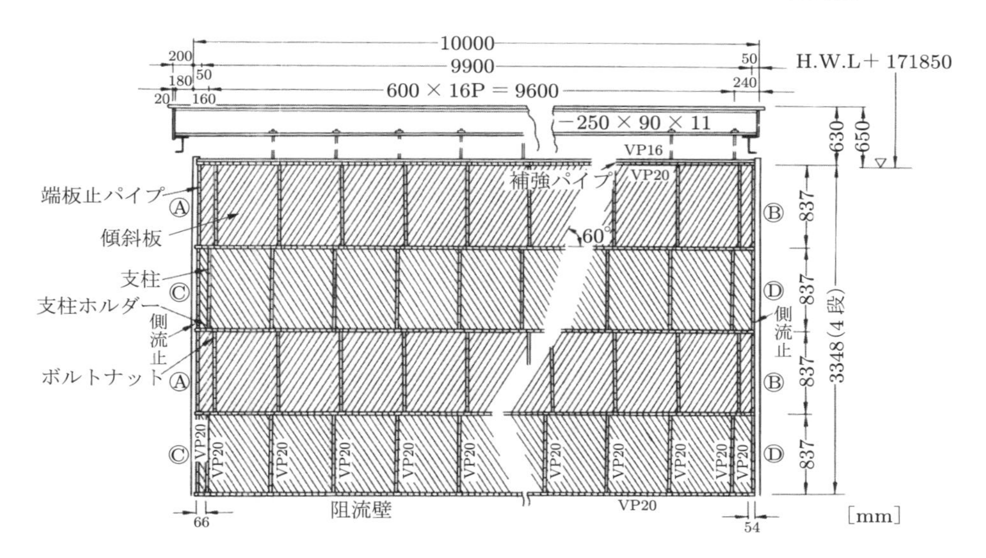

図 7.7　傾斜板沈殿装置組立例［日本水道協会：水道施設設計指針・解説（1977 年版），p. 171，図-5.41，日本水道協会，1977.］

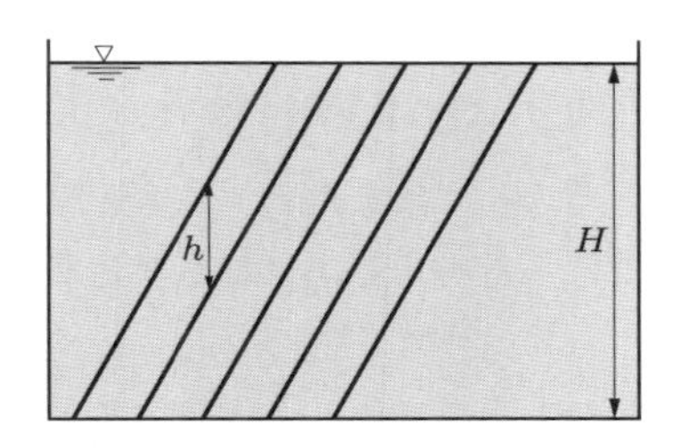

図 7.8　傾斜板沈殿池の概念図

次に，流量を小さくすることでも沈殿効率を上げることができる．具体的には，沈殿池の途中で上澄水を抜き取ることで，全体の沈殿効率は上昇する．

7.2.2　薬品沈殿池

薬品沈殿池は，図 7.9 のような，薬品注入，混和，フロック形成を経て大きく成長したフロックをできるだけ沈殿させ，後に続く急速ろ過池への負担を軽減するために設ける施設である．

沈殿池の数は，清掃，点検，修理などの場合を考えて 2 池以上とする．形状は長方形とし，長さと幅の比は 1：3〜1：8 が普通である．有効水深は，3〜4 m とし，さらに沈殿したスラッジの堆積分として 30 cm 以上を見込む必要がある．また，池底には排泥の際のことを考え，排泥口に向かって 1/300〜1/200 程度の勾配を付ける．

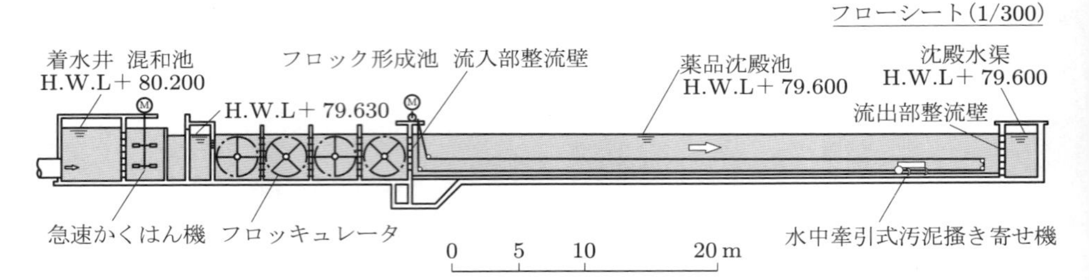

図7.9　薬品沈殿池と整流壁

沈殿池の滞留時間は，実際池における沈殿効率の減少や水質変動に対する沈殿池の能力の余裕を見込んで，3～5時間とする．薬品沈殿池内の平均流速は40 cm/分以下を標準とする．池内流速は，粒子の沈降速度，水流の整流状態，沈降距離と密接な関係があり，また，池底に堆積したスラッジを再浮上させないための掃流限界流速から定めたものである．

沈殿効率は，池内の流れが整流になっているかどうかに大きく左右され，密度流や偏流などが生じると，粒子の沈降を阻害したり，逆に粒子が浮上したりして効率は低下する．密度流や偏流による沈殿効率の低下を防ぐためにとられる対策には，次のようなものがある．

① 池内への流入をできるだけ均一に行うため，流入部に整流壁を設ける．

② 池内からの流出を均一に行うため，流出部にも整流壁を設け，沈殿水を均等に引き出せるようにする．

③ ふく蓋を設け，外部からの影響を遮断して水流の安定を図る．

一般に，①．②が用いられ，効果をあげている．

また，整流壁の効果を活用して，さらに沈殿効率を高めるために，流入部や流出部のほかに，沈殿池の中間にも2～3箇所整流壁を設けることもある．これが中間整流壁といわれるものである．

整流壁は，図7.10のような，水の流れを阻害して全体の流れを均一にするために設けるもので，整流壁の開口面積は，大きすぎると整流効果が失われ，また少なすぎると，整流孔通過部での流速が過大となり，池内水流やフロック破壊の点で好ましくない．整流壁の孔を通る際に生じる噴流の影響は，下流1～2 mにも及び，沈殿作用に好ましくないので設置する場合は十分な注意を要する．

7.2.3　普通沈殿池

普通沈殿池は，緩速ろ過池と組み合わせて設けられるもので，自然沈降によって懸濁物質を除去するものである．

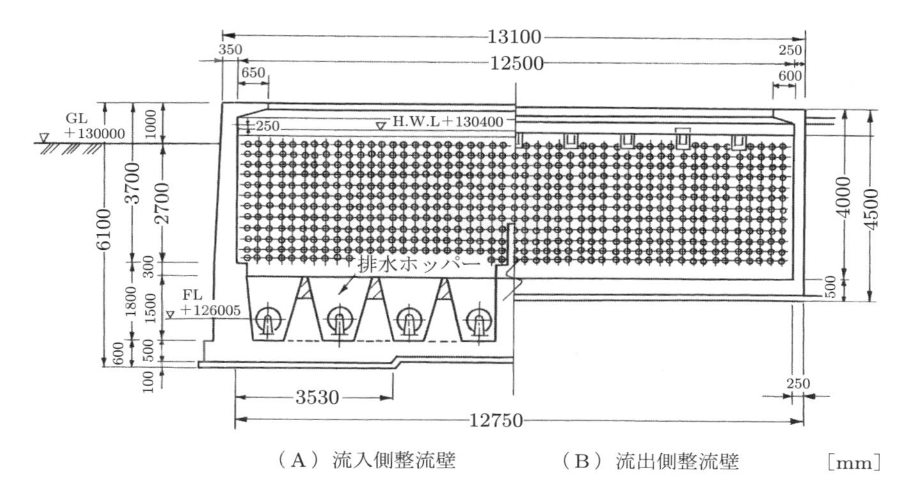

図 7.10 整流壁の例［日本水道協会：水道施設設計指針・解説（1977 年版），p. 166，図-5.31，日本水道協会，1977.］

構造は，薬品沈殿池と同様であるが，滞留時間は 8 時間，池内の平均流速は一度沈殿した粒子を再び浮上させないために，30 cm/分以下が標準となっている．

貯水池水や地下水を水源とし，原水濁度が常時 10 度以下の場合には，普通沈殿池を省くことができる．一方，原水の年間の最高濁度が 30 度以上になる場合には，薬品処理ができるようにしておかなければならない．

池数は，2 池以上が望ましいが，原水濁度が 10 度以上になる日数が少ない場合には，バイパスを設けて 1 池としてもよい．沈殿池の有効水深は 3～4 m が標準で，これに天端までの余裕高を 30 cm くらいと底部の泥だめとして 30 cm 以上を見込んでおく必要がある．

7.2.4 排泥設備

沈殿池に堆積したスラッジを排水処理施設へ送るための設備を排泥設備という．沈殿池からの排泥が円滑に行われないと，沈殿池機能に影響を及ぼし，ひいては浄水処理全体にも障害となるので，排泥機能は沈殿池の機能のなかでも重要なものである．沈殿池からの排泥は，できるだけ高濃度のスラッジを排出するのが有利である．

排泥方法には，人力による方法と，機械による方法がある．機械による方法の代表的なものとして，走行式ミーダ形，リンクベルト式，水中牽引式がある．

スラッジの掻き寄せ速度は，スラッジの巻あげや巻かえしが起こらないように，なるべく緩やかな速度でなければならない．これまでの経験から，1 時間に 12 m 以下を目安とする．

7.2.5　傾斜板沈殿池

沈殿効率を高めるために，沈殿池内に図7.11のような傾斜板装置を設けたものが傾斜板沈殿池である．

図7.11　傾斜板の設置例と排泥設備（水中牽引式）

これは，フロックの沈降距離を短くすることによって，滞流時間を減少させ，沈殿池の処理能力を上げようとするものである．

傾斜板沈殿池内では一般の薬品沈殿池に比べて，短絡流が発生した場合，その影響が大きいので，沈殿池内への流入を均等にしたり，短絡流が生じないように，整流壁や阻流壁を設けなければならない．

以下に，傾斜板沈殿池の諸元を記す．その他のものは，一般の薬品沈殿池とおなじである．

① 傾斜板の傾斜角は60°とする．
② 池内の平均流速は60 cm/分以下とする．
③ 傾斜板装置内の通過時間は，傾斜板の間隔が100 mmの場合は20～40分，傾斜板の間隔が50 mmの場合は15～20分とする．
④ 傾斜板下端と池底との間隔は1.5 mとし，阻流壁を設ける．
⑤ 傾斜板の端と沈殿池の流入部壁および流出部壁との距離は，それぞれ1.5 m以上とする．

7.2.6　高速凝集沈殿池

高速凝集沈殿池は，図7.12のように，薬品注入，急速かくはん，フロック形成，沈殿処理を一つの槽のなかで行う沈殿池で，面積あたりの処理量が多く，薬品の使用量も少ない．反面，運転操作は横流沈殿池に比べて難しい．

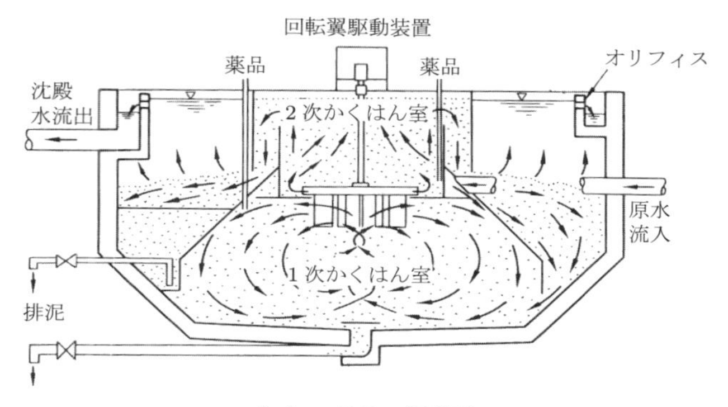

(a) スラリー循環形

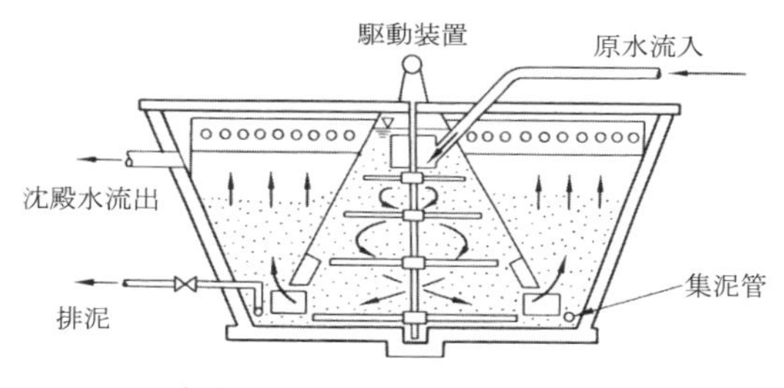

(b) スラッジ・ブランケット形

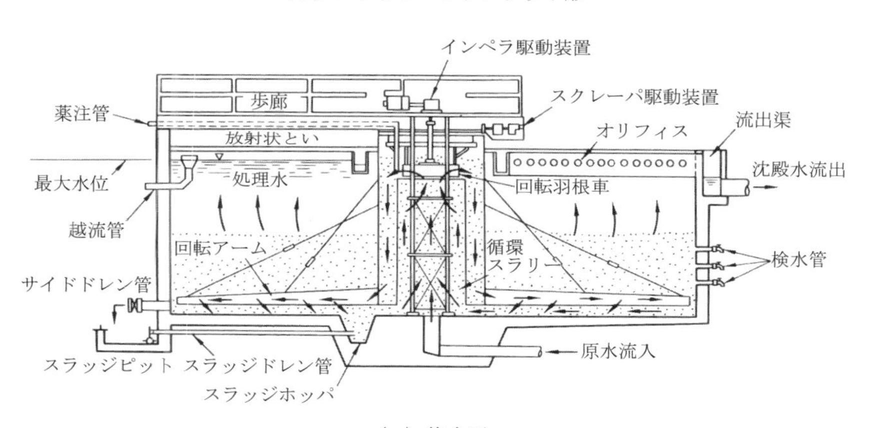

(c) 複合形

図7.12 高速凝集沈殿池［日本水道協会：水道施設設計指針（2012年版），p. 200, 図-5.5.17，図-5.5.18，p. 201，図-5.5.20，日本水道協会，2012.］

高速凝集沈殿池を採用する場合には，次の条件を考慮することが必要である．

① 原水の濁度は10度程度以上であること．

② 最高濁度は1000度以下であること．

③ 濁度，水温の変動が小さいこと．

④ 処理水量の変動が少ないこと．

滞流時間は，1.5 ～ 2 時間と，横流沈殿池よりかなり短くすることができる．池内の上昇速度は，40～50 mm/分が標準である．

もともとこの装置は，硬水の軟化装置として，1938 年に C. H. Spaulding によって，イリノイ州，スプリングフィールドでつくられ，発達してきたが，近年は沈殿池として用いられるようになった．

高速凝集沈殿池は，流入する濁質量と保有するスラリー量と，排出するスラッジ量との平衡が基本となっているので，もし，この平衡が破れる状況が生じると沈殿がうまくいかず，フロックの流出（キャリーオーバ）が生じる．

高速凝集沈殿池の形式には，次のものがある．

① スラリー循環形：生成したフロックを池内に循環させておき，そのなかで凝集作用を行わせるもの．

② スラッジブランケット形：上昇水流によって，浮遊状態のスラリーをつくり，下方から凝集剤を注入した原水を上昇通過させ，多数の既存フロックと接触させることにより，浄化するもの．

③ 複合形：最初の凝集過程をスラリー循環形で行った後で，スラリーの下方から上昇させるスラッジブランケット形で行うもの．

●演習問題

7.1 密度 1.2 g/cm^3，直径 0.1 cm の粒子が水中を沈降するときの限界沈降速度を，ストークスの式を用いて求めよ．ただし，$\mu = 0.01$ g/(cm 秒) とする．

7.2 計画浄水量 45000 m^3/日の浄水場で，薬品沈殿池，傾斜板沈殿池，高速凝集沈殿池の必要面積を求めて比較せよ．ただし，薬品沈殿池，傾斜板沈殿池についてはフロック形成池も含めて比較すること．

第8章 ろ過施設

ろ過処理とは，砂などのろ材によって構成される一定の厚さのろ層に水を通すことによって，水中の濁質などの不純物を取り除くものである．

ろ過処理には緩速ろ過方式と急速ろ過方式がある．

緩速ろ過方式は，濁質，細菌類，アンモニア態窒素などを，砂層による物理的作用や，砂層表面に繁殖する微生物群による酸化分解作用によって除去するものである．

急速ろ過方式は，原水中の懸濁物質を薬品沈殿池であらかじめ凝集沈殿させてからろ過する方法で，濁質などの固形分をろ材への付着，ろ過によるふるい分け作用によって除去するものである．

8.1 ろ過機構

緩速ろ過は，砂層と砂層表面に増殖した微生物群によって，水中の不純物を捕捉し，酸化分解する作用に依存した浄化方法である．したがって，生物の機能を阻害する条件さえ与えなければ緩速ろ過池では水中の懸濁物質や細菌を阻止できるだけでなく，ある限度内なら，アンモニア態窒素，臭気，鉄・マンガン，合成洗剤やフェノール類も除去できる．

その浄化機能を細かくみると，被処理水が細密充填された細かい砂層を遅い速度で通過することにより，砂層表面での機械的ふるい分け作用と水中微粒子の砂粒表面への付着作用が主役になって，水中の懸濁物質が砂層表面に抑留される．この抑留物にさらに水中の腐食質や栄養塩類が付着して生成する泥状物のまわりに，藻類や微小動物が繁殖し，さらにこれらを分解する多数のバクテリアが繁殖して，蓄積された懸濁物質と生物群とその分泌物が，混然一体となった生物被膜が構成される．緩速ろ過機能の大部分は，この生物被膜（生物ろ過膜）における吸着作用や生物酸化の作用であり，また，砂層内部においても砂粒表面に構成された生物被膜により酸化が行われる．

急速ろ過では，比較的粗な粒状層に速い速度で水を通し，おもにろ材への付着やろ層でのふるい分けによる除濁作用を期待するものであるため，除去対象の懸濁物質はあらかじめ凝集処理を受けて処理されやすい状態になっていなければならない．

ろ層における懸濁物質除去の機構は，二つの段階に分けて考えられる．第一は，懸濁粒子がろ材の表面近くまで輸送される段階で，おもにさえぎり要因，副次的に重力沈殿の要因が卓越して進行する．第二は，輸送された粒子がろ材表面に付着して捕捉される段階で，これは懸濁粒子と抑留表面の関係に依存する．

このように，ろ材表面での付着凝集による抑留が，ろ過作用の主要因であるので，できるだけ多くのろ材表面を付着用とするほうがろ過作用は大きくなる．

単位ろ過面積あたりのろ材表面積は，ろ材粒径が細かいほど，また，ろ層厚が厚いほど大きくなる．したがって，ろ材の粒径を細かくするほど抑止効果は高くなり，薄いろ層厚のなかで濁質を抑留できることになるが，反面，抑留物がろ層の特定部分（表層）に集中して，高い損失水頭が生じるので，ろ過継続時間が小さくなる．また，薄いろ層厚では抑留できる濁質に限度がある．これを表面ろ過という．

これに対して，ろ層の内部にフロックを侵入させ，あるろ層厚のなかで濁質を捕捉できるようにすれば，濁質の漏出に対する安全度は低下するが，大量の濁質をろ層内に抑留でき，また損失水頭も少ない．これを内部ろ過または深層ろ過という．

急速ろ過において，強度の高いフロックを細かいろ材または細密充填されたろ層に，比較的遅い流速で流すと表面ろ過の傾向が強まり，逆に弱いか小さなフロックを粗く空隙率の多いろ層に通すと内部ろ過の傾向が助長される．

粗いろ材から細かいろ材へ水を流してろ過すれば，粗い部分で濁質の大量抑留を図り，細粒部で高度の抑止機能をもたせることができる．この目的で用いられているのが二層ろ過で，一般に上層に粗粒で密度の小さいアンスラサイト，下層に細粒で密度の大きい砂が用いられる．

ろ過池における懸濁粒子の除去過程は，ろ材の寸法，形状，空隙率などのろ層構成，懸濁粒子の性状，ろ過速度，沈降方式などの操作条件のようなさまざまな要因によって大きく変化するので，十分に検討する必要がある．

8.2 緩速ろ過池

緩速ろ過におけるろ過速度は，3〜5 m/日と非常に遅い速度である．そのため，大量に処理しなければならない場合には，砂層の表面積が大きくなり，必要な用地面積も広くなる．そのため，砂ろ過方式の基本となる浄水法であるが，都市部においては，次第に急速ろ過方式へ切り替えられている．

水質が良好な場合には，ろ過速度を 8 m/日程度まで上げることができるが，クリプトスポリジウムなどにより水道原水が汚染されるおそれがある場合は，ろ過速度は 5 m/日を超えないようにする．

ろ過池の形状は長方形とし 1 列あるいは 2 列に，数池ずつ相接して配置する（図 6.6

参照）．深さは，下部集水装置，砂利の厚さ，砂層厚，砂面上水深，余裕高を加え，2.5〜3.5 m とする．一般に使われている池の大きさは，大きい場合で 4000〜5000 m^2，小さいもので 50〜100 m^2 程度である．

緩速ろ過池の構造を図 8.1 に示す．砂層厚は，70〜90 cm 程度で，砂層に用いるろ過砂の性質は，石英質の多い硬い均等なもの，有効径[†1] 0.3〜0.45 mm，均等係数[†2] 2.00 以下，比重 2.55〜2.65，最大径 2.0 mm，最小径 0.18 mm とする．

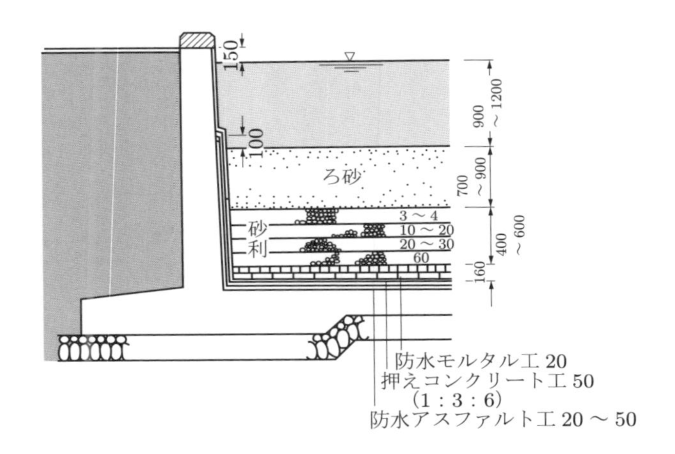

図 8.1　緩速ろ過池の構造例［日本水道協会：水道施設設計指針（2012 年版），p. 242，図-5.7.2，日本水道協会，2012.］

砂利層は砂層を支持し，砂が水とともに下部に流出しないために設けるもので，順次下方に向けて粒径を増し，四層に分けて敷く．

下部集水装置は，できるだけ損失水頭が少なく，ろ過池全体から均等にろ過水を集めることができるように，主渠および支渠を設ける．

ろ過面積は，計画浄水量をろ過速度で割って求める．池数は予備池を含めて 2 池以上とし，予備池は 10 池までごとに 1 池とする．

ろ過の継続にともない，次第にろ層が閉塞し，とくに砂層表面のろ過膜が厚くなって損失水頭が増加する．それにつれてろ過水量も減少するので，調節井の水位を下げてろ過水量を一定に保つようにする．利用可能な水頭を用いても，必要なろ過水量が確保できなくなったら，ろ過を中止してろ層表面の砂を 10 mm 程度削り取って，ろ層表面を新しくしなければならない．また，ろ過を再開するときは，ろ過膜が形成されて十分な水質が得られるまでの間，ろ過排水を行う必要がある．

---

†1　砂をふるい分けして，その粒度加積曲線を作成したとき，その 10%通過径にあたるもの．
†2　粒度加積曲線における通過径 60%と 10%の粒径の比．

ろ層が閉塞するまでの日数をろ過継続日数といい，原水の水質などの条件によって異なるが，30〜40 日程度が一般的である．

8.3 急速ろ過池

急速ろ過はヨーロッパに比べて水需要の多い，しかも原水の濁度が高いアメリカで発達したもので，硫酸アルミニウム（硫酸ばんど）を凝集剤とする機械ろ過が 1884 年にマサチューセッツ州サマービルに建設されたのが世界最初の上水道における急速ろ過であり，わが国では，1908 年の京都市蹴上浄水場のジュエル式の円形急速ろ過池が最初である．

8.3.1 構　造

図 8.2 のように，沈殿池から流入した水がろ過池内に設けられたろ層中を流下する間に，沈殿池で除去されなかった濁質はろ材に捕捉されて抑留される．一方，処理されたろ過水は，下部集水装置を通ってろ過水渠に集められ，浄水池のほうへ導かれる．

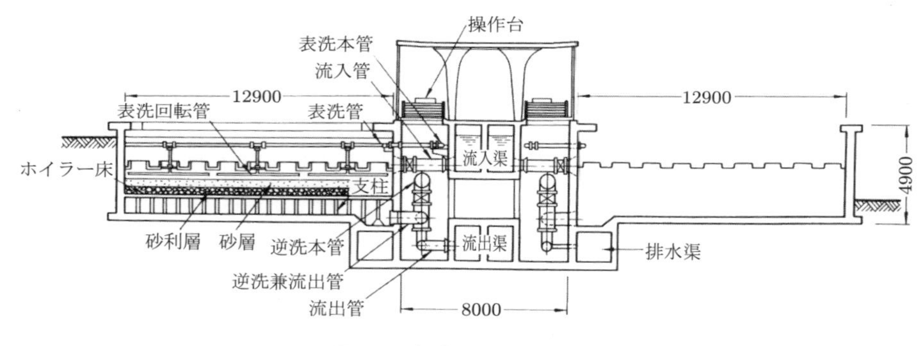

図 8.2　急速ろ過池の構造例

急速ろ過池は，ろ過工程と洗浄工程を交互に行い，ろ過池としての機能を保持していくので，この両工程が効率よく行えるような構造となっていなければならない．

急速ろ過の方式には，重力式と，圧力式がある．重力式は，ろ過を自然流下の形で行うもので，ろ過池の水面は自由水面となっており，圧力式は，密閉した鋼製のろ過槽に水を充満して，一定の圧力を加えてろ過する方法で，比較的小規模の場合に用いられる．重力式が標準とされている．

急速ろ過池の砂層の厚さは 60〜70 cm が標準であり，ろ材としての砂は，次の条件などを満足しなければならない．

① 石英質の多い，均質な砂で，偏平または脆弱な砂あるいはゴミ，粘土などの不純物の少ないものであること．

② 有効径は 0.45〜0.7 mm の範囲内とすること.

③ 均等係数は 1.70 以下とすること.

④ 最大径は 2.0 mm を超えず, 最小径は 0.3 mm を下回らず, やむを得ない場合でも最大径を超えるもの, あるいは最小径を下回るものが 1%以下であること.

ろ層を支持するための砂利層に用いる砂利は, 球径に近い硬質なもので, 清浄かつ均質なものを用いる.

下部集水装置は, 図 8.3 に示すような, ろ材の支持, ろ過水の集水および逆流洗浄水の均等な配分を行うために, ろ過池の下部に設置される装置で, 有孔ブロック形, ストレーナ形, ホイラー形, 有孔管形, 多孔板形がある.

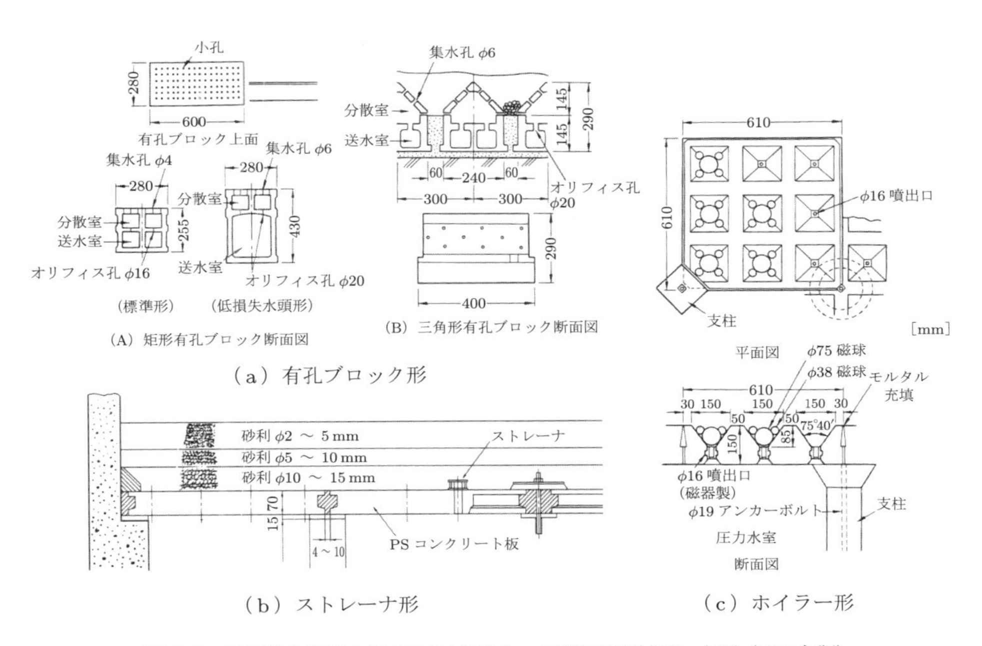

図 8.3 下部集水装置の例 [日本水道協会:水道施設設計指針・解説 (1977 年版), p. 184, 図-5.53, p. 183, 図-5.52, 日本水道協会, 1977.]

ろ過工程を継続していくと, 抑留された物質でろ層が閉塞し, ろ過を続けることができなくなる. この時点で洗浄工程に移ることになるが, 具体的な指標としてはろ過抵抗が用いられる. 原水の状況によってろ過継続時間は異なるので, ろ過池から濁質が流出しないように十分に注意しながら洗浄工程に移る必要がある.

ろ層の洗浄は, ろ層に抑留された濁質を除去するために行うもので, その良否はろ過効果に大きく影響するため, 良好なろ材が得られるような平面的および垂直的な洗浄方法を採用しなければならない．洗浄効果が不十分なときには，ろ過継続時間の減少，ろ過水の水質の劣化，マッドボールの発生，ろ層の亀裂，ろ層表面の不陸などのさまざまな障害が発生する．

洗浄方法には，表面洗浄，逆流洗浄，空気洗浄，機械洗浄がある．そのうち，最も一般に用いられている方法は表面洗浄で，ろ層表面の濁質を水流によってせん断力で破壊した後で，ろ層内が流動状態になるまで逆流洗浄速度を高め，ろ材相互の衝突摩擦や水流によるせん断力で付着物質を剥離し，ろ層から排出させる方法である．

洗浄工程からろ過工程に移った後の数分間は，ろ過水濁度がわずかに上昇する．原水中に病原性原虫が存在する可能性のあるときには，とくに注意が必要であり，ろ過排水ができるような設備にしておくことが必要である．

8.3.2　ろ過面積とろ過速度

急速ろ過池のろ過面積は，計画浄水量をろ過速度で割って求める．

急速ろ過池の形状は長方形で，1池あたりのろ過面積は150 m^2 以下を標準とする．池数は予備も含めて2池以上とし，予備池は10池までごとに1池とする．

ろ過速度は，120～150 m/日が一般的である．

8.3.3　多層ろ過池

多層ろ過池は，ろ層上部から下に向かって順次ろ材の径を小さくし，濁質の捕捉容量を大きくしたものである．

この場合，ろ材の比重が大きな意味をもち，上層部に比重の小さいろ材を，下層に比重の大きなろ材を用いることになる．このようにすることで，逆流洗浄を行っても，ろ材の位置が逆転することはない．

二層ろ過として通常，上層にアンスラサイト，下層にケイ砂が用いられる．また，三層ろ過には，二層ろ過の下にガーネットを用いたものがある．

8.3.4　直接ろ過

直接ろ過は，凝集過程で微細なフロックをつくり，沈殿池を通さずに直接ろ過池に導いてろ過する方法である．

この方法はマイクロフロック法ともよばれ，フロックが小さいためにろ層の深部にまで侵入し，ろ層全体を使ってろ過するので効率がよくなる．また，フロック形成池や沈殿池が不要となり，凝集剤の注入量も少なくてすむという利点がある．ただし，原水濁度が低く，しかもその変動が小さい場合に限って用いられる方法である．

●演習問題

8.1　ろ過砂のふるい分けを行ったところ，表8.1のような結果を得た．このろ過砂の有効径と均等係数を求めよ．

表8.1　ろ過砂のふるい分け分析結果

ふるい目（粒径）[mm]	0.105	0.149	0.210	0.297	0.42	0.59	0.84	1.19	1.68	2.38	3.00
通過量百分率［%］	1.2	2.0	3.0	4.6	8.0	17.5	56.0	71.6	84.5	95.0	100.0

8.2　計画浄水量45000 m^3/日の浄水場で，急速ろ過方式を採用したときの必要ろ過面積を求めよ．

第 9 章

膜ろ過施設

膜ろ過方式は，圧力差を利用して膜をろ材として浄水処理を行う方法である．なお，必要に応じて各種の前処理や後処理設備を設ける．

膜ろ過方式は，ろ過処理の一種ととらえられる場合もあるが，砂などの粒子状のろ材を用いる急速ろ過方式，緩速ろ過方式とは処理のメカニズムが異なることや，近年導入事例が多いことなどから，本書では膜ろ過を砂ろ過処理とは別に説明する．

9.1 おもな採用理由

一般に，浄水処理で用いられる膜ろ過方式は，膜の孔の大きさによって限外ろ過（ultrafiltration：UF）法と精密ろ過（microfiltration：MF）法に分類できる．限外ろ過法のほうが，孔径が小さく除去できる物質も広範囲に及ぶが，膜ろ過に必要な圧力は大きくなる．このほかに，異臭味原因物質などの溶解性物質の除去が可能なナノろ過（nano-filtration：NF）法や海水の淡水化に使われる逆浸透（reverse osmosis：RO）法もある．

図 9.1 に水中不純物の大きさと分離方法の対応関係を示す．

膜ろ過方式を浄水処理として採用するおもな理由は次のとおりである．

① 膜の特性に応じて原水中の懸濁物質，コロイド，細菌類，クリプトスポリジウムなどの一定以上の大きさの不純物を除去することができる．

② 定期点検や膜の薬品洗浄，膜の交換などが必要であるが，自動運転が容易であり，ほかの処理法に比べて日常的な運転および維持管理における省力化を図ることができる．

③ 凝集剤が不要または使用量が少なくてすむ．

④ ほかの処理法に比べて施設規模が小さいため敷地面積が少なくてすみ，施設の建設工期も短くなる．

⑤ 大規模であっても設備全体を一つの建屋内に設置することが多いため，入退場の制限やカメラによる遠方監視が容易となり，リスク対策（テロ対策）の面では従来より安全性が向上する．

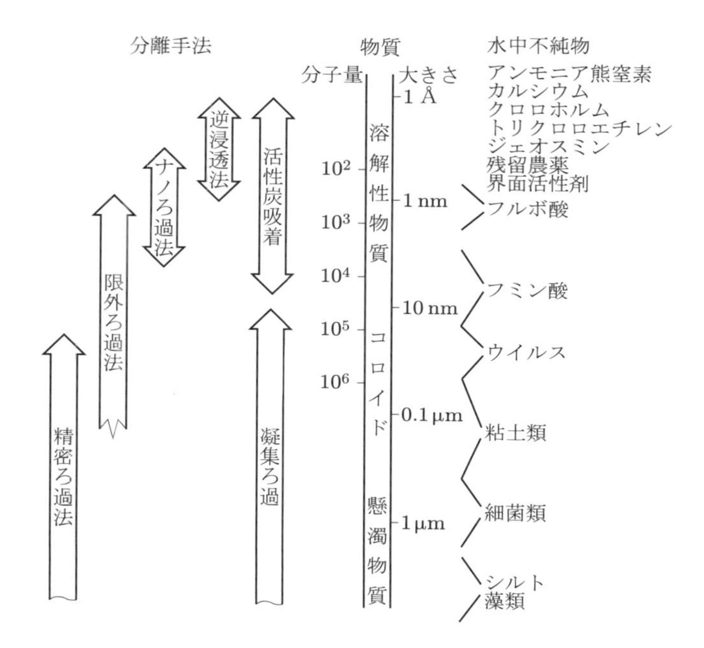

図 9.1　水中不純物の大きさと分離方法［水道浄水プロセス協会：小規模水道における膜ろ過施設導入ガイドライン，p. 4，図 1-1，水道浄水プロセス協会，1994.］

膜ろ過方式はある大きさ以上の物質の除去に対して，安定で高い除去率を示すことから，懸濁物質以外の溶解性物質があまり含まれていないような原水に適している．

一般に，小規模な水道では，清澄な河川水などを水源にしており，膜ろ過方式に適した原水をもつ水道が多いため，小規模の浄水場を中心に導入が進んでいる．

表 9.1 に都道府県別の膜ろ過方式導入施設数を示す．

9.2　精密ろ過法

顕微鏡でみることができる細孔のある精密ろ過（MF）膜を用い，ふるい分け原理にもとづいて粒子の大きさで分離を行うろ過方式である．粒径 0.01 μm 程度以上の領域を分離対象とし，分離性能は分離粒径で表す．浄水処理に使用される膜の孔径は一般に 0.01～2 μm 程度であり，この孔径よりも大きいコロイド，懸濁粒子，菌体の除去に用いられる．クリプトスポリジウム除去を目的とする場合，2 μm 程度の大孔径膜が使用される場合がある．

9.3　限外ろ過法

限外ろ過（UF）膜を用いて，ふるい分け原理にもとづいて分子の大きさで分離を

表9.1　膜ろ過方式導入施設数[8]

都道府県名	施設数	都道府県名	施設数	都道府県名	施設数	都道府県名	施設数
北海道	51	東京都	23	滋賀県	16	香川県	1
青森県	5	神奈川県	15	京都府	36	愛媛県	38
岩手県	39	新潟県	29	大阪府	6	高知県	4
宮城県	17	富山県	5	兵庫県	69	福岡県	8
秋田県	31	石川県	7	奈良県	17	佐賀県	8
山形県	18	福井県	29	和歌山県	31	長崎県	11
福島県	19	山梨県	29	鳥取県	7	熊本県	11
茨城県	0	長野県	44	島根県	37	大分県	19
栃木県	9	岐阜県	51	岡山県	10	宮崎県	8
群馬県	6	静岡県	5	広島県	16	鹿児島県	6
埼玉県	5	愛知県	20	山口県	7	沖縄県	3
千葉県	3	三重県	28	徳島県	4	全　国	861

行うろ過方式である．限外ろ過膜は細孔径では 0.01 μm 以下と定義され，分離性能は分画分子量で表す．分子量 1000～300000 程度の領域を分離対象とする．

9.4　膜および膜モジュール

9.4.1　膜および膜モジュールの選定

膜および膜モジュール選定に際しては，原水の水質状況のほか，次の点にも留意する．

① 強度は，ろ過圧力，負圧，エアレーションによる洗浄時の繰返し応力などの機械的変化や，長期使用での熱変形や薬品洗浄による化学的変化に対しても十分対応できるものとする．なお，水撃圧による衝撃を極力受けないように配慮する．

② 凍結すると使用不可となるおそれがあるので耐寒性を十分調査する．保存，保管，設置に際しても，凍結防止対策を施す．

③ 膜の薬品洗浄には，アルカリ，酸，酸化剤，有機酸，洗剤などのさまざまな薬品が使用されるので，膜の耐薬品性について十分調査する．

9.4.2　膜の材質

膜の材質の選定にあたっては次のような膜の特性に十分注意し，処理対象水の性状や洗浄方法にあった膜の選定を行う．

表 9.2 に水道用膜の特徴を示す．

表 9.2　水道用膜の特徴（水道用膜モジュール規格にもとづく分類）［水道技術研究センター：浄水技術ガイドライン 2010，p. 97，表 2.7-13，水道技術研究センター，2010.］

膜の種類	大孔径ろ過膜（大孔径膜）	精密ろ過膜（MF 膜）	限外ろ過膜（UF 膜）	ナノろ過膜（NF 膜）	逆浸透膜（RO 膜）	海水淡水化逆浸透膜（海水淡水化 RO 膜）
規　格	AMST-004	AMST-001	AMST-001	AMST-002	AMST-002	AMST-003
公称孔径［μm］	2 程度	0.01 超	0.01 以下			
分画分子量			1000～300000 程度	200～1000		
塩化ナトリウム除去率（脱塩率）［%］				5～93†1	93 以上†2	平均濃度基準：99.0 以上 入口濃度基準：98.8 以上†3
膜構造	非対称ほか	対称，非対称		非対称，複合		
膜材質	PS，PVDF，CE ほか	CE，PAN，PE，PP，PS，PVA，PVDF，PTFE ほか	C，CA，CE，PAN，PES，PS，PVDF ほか	CA，PA ほか		
膜製法	相転換法ほか	相転換法，延伸法，焼結法		相転換法，界面重合法		相転換法，界面重合法
モジュール	中空糸型ほか	中空糸型，スパイラル型，管状型，平膜型，モノリス型		中空糸型，スパイラル型，平膜型ほか		中空糸型，スパイラル型

†1　評価条件：NaCl 濃度 500～2000 mg/L，操作圧 0.3～1.5 MPa
†2　評価条件：NaCl 濃度 500～2000 mg/L，操作圧 0.3～3.0 MPa
†3　評価条件：NaCl 濃度または TDS 濃度 3.0×10^4～6.0×10^4 mg/L，操作圧 5.0～10.0 MPa

① 有機膜はその素材により親水性，疎水性の別があるほか，耐熱性や耐薬品性も異なる．なお，膜材質がセルロース系のものは，微生物の侵食により劣化するおそれがあるため，塩素注入による微生物抑制が必要となる．
② 無機膜は有機膜に比較して耐熱性や耐薬品性がよく，物理的強度もあるが衝撃に弱い．

9.5　膜の劣化とファウリング

運転時間の経過とともに膜の劣化とファウリングが起こる．
① 膜の劣化：圧力によるクリープ変形，損傷などの物理的劣化，加水分解，酸化などの化学的劣化，微生物により栄養源利用される生物化学的劣化（バイオファウリング）など，膜自身の不可逆的な変質が生じたことによる性能変化で，性能回復はできない．
② ファウリング：膜自身の変化ではなく，膜供給水中の溶質が膜によって阻止され

ることにより膜の目詰まりや付着層の形成が進行して膜機能が低下する現象のことで，その原因によっては洗浄することで性能が回復できる．

膜モジュールの劣化とファウリングについて，表9.3に示す．

表9.3　膜モジュールの劣化とファウリング［日本水道協会：水道施設設計指針（2012年版），p. 255，表-5.8.4，日本水道協会，2012.］

分類	定義	内容		
劣化	膜自身の変質により生じた不可逆的な膜性能の低下	物理的劣化	圧密化	長期的な圧力負荷による膜構造の緻密化（クリープ変形）
			損傷	原水中の固形物や，振動による膜面の傷や摩耗，破断
			乾燥	乾燥，収縮による膜構造の不可逆的な変化
		化学的劣化	加水分解	pHや温度などの作用による分解
			酸化	酸化剤により膜材質物性変化や分解
		生物化学的劣化		微生物による膜材質の質化または分泌物の作用による変化
ファウリング	膜自身の変質でなく外的因子により生じた膜性能の低下	付着層	ケーキ層	供給水中の懸濁物質が膜面上に蓄積されて形成される層
			ゲル層	濃縮により溶解性高分子などの膜表面濃度が上昇して膜面に形成されるゲル状の非流動性の層
			スケール層	濃縮により難溶解性物質が溶解度を超えて膜面に析出した層
			吸着層	供給水中に含有される膜に対して吸着性の大きな物質が膜面上に吸着されて形成される層
		目詰まり	固体	膜の多孔質部の吸着，析出，捕捉などによる閉塞
			液体	疎水性膜の多孔質部が気体で置換（乾燥）
		流路閉塞		膜モジュールの供給流路あるいはろ過水流路が固形物で閉塞して流れなくなること

●演習問題

9.1　膜ろ過方式の種類をあげ，その特徴を説明せよ．

第10章

高度浄水処理およびその他の処理

近年，水道原水の水質悪化が進み，水道の水質基準も強化されている．

原水の水質が悪く，従来の凝集沈殿，砂ろ過および塩素消毒からなる通常の浄水処理では十分な効果が得られない場合は，より高度な処理を付加することがあり，このように通常の浄水処理より高度な処理を行う処理を高度浄水処理という．一般に，通常の浄水処理は懸濁物質の除去や消毒に高い効果があるのに対し，高度浄水処理は通常の浄水処理では除去しにくい溶解性物質の除去に効果がある．

高度浄水施設とは，各種化学物質や湖沼の富栄養化などによって汚染された水道原水に対処し，清浄で異臭味などのない水道水の供給を確保するための浄水処理施設である．本書では，「高度浄水施設導入ガイドライン」（日本水道協会）にもとづき，生物処理，オゾン処理，粉末活性炭処理，粒状活性炭処理の一つまたは複数を通常の浄水処理に組み合わせた浄水処理のことを高度浄水処理としている．

10.1 生物処理

生物処理とは，河川の自浄作用などの自然界の浄化作用を応用したもので，自然に成長する微生物の膜に原水を接触させることによってアンモニア態窒素の硝化や臭気，藻類，鉄，マンガンなどの除去を行うものである．

川のなかの石の表面には微生物のぬるぬるした膜ができ，これが河川の水質を浄化する作用を行っている．生物処理は，これと同じ原理を人工的につくり出すもので，微生物の付着する表面積をできるだけ大きくしてそこに生物膜を形成させ，溶存酸素を含んだ原水を生物膜に効率よく接触させて処理を行う．浸漬ろ床方式（ハニコーム方式），回転円板方式，生物接触ろ過方式などがある．

生物処理は，アンモニア態窒素の硝化能力がとくに高く，冬期の低水温期を除けば高い硝化効果を期待できる．一般に，通常処理では，原水中にアンモニア態窒素があると前塩素または中間塩素でこれを酸化するが，これによりトリハロメタンが増加したり，いわゆるカルキ臭の原因となるクロラミン類が発生する．また，オゾン処理や活性炭処理を用いる高度浄水処理においても，活性炭が生物活性炭になっていない場合や，なっていてもその生物処理機能が低い場合はアンモニア態窒素を硝化できず，通常処理と同様の問題が発生する．このような場合の対策として，生物処理が通常処理または高度浄水処理の前段の処理として用いられる．生物処理は，臭気，藻類，鉄，マンガンなどの対策としても有効である．

10.1.1 浸漬ろ床方式

浸漬ろ床方式（ハニコーム方式）は，水槽内に合成樹脂製などの蜂の巣状の装置を入れ，そこに溶存酸素を含んだ原水を循環させて表面に生物膜を成長させ，この生物膜との接触により原水を浄化する方式である．

10.1.2 回転円板方式

回転円板方式は，合成樹脂製の円板を回転軸に対して直角に多数取り付けた回転体の一部を水に浸漬するように据え付け，機械的あるいは空気の浮力により一定の速度で回転させ，円板表面に付着した生物膜に水を接触させることにより原水を浄化する方式である．

10.1.3 生物接触ろ過方式

生物接触ろ過方式は，ろ過槽内に，微生物の付きやすい合成樹脂，アンスラサイト，セラミックス，砂利などのろ材を充填し，そこに溶存酸素を含んだ原水を流入させて，ろ材表面に生物膜を成長させ，この膜との接触により処理する方法である．浸漬ろ床方式に比べて設置面積を少なくできる利点がある．

10.2 オゾン処理

オゾン処理は，塩素よりも強いオゾンの酸化力を利用するもので，異臭味や色度の除去，トリハロメタン生成能の低減などに高い効果を発揮する．ヨーロッパなどで広く行われてきたが，日本でも原水の水質悪化に対応するため導入が進んでいる．また，オゾン処理は有機物との反応によりアルデヒドなどの副生成物が生じるので，日本ではその後に活性炭処理が義務づけられている．したがって，実際にはオゾン処理と粒状活性炭処理やオゾン処理と生物活性炭処理のように組み合わせて行われる．

オゾン処理が，ほかの処理方法に比べて優れている点は次のとおりである．

① 異臭味，色度除去に優れた効果がある．

② 有機物質の生物分解性を増大させる．

③ 塩素要求量を減少させる．

④ 微生物に作用して強い不活化力をもつ．

10.2.1 オゾン発生およびオゾン接触装置

一般に，オゾンは乾燥した空気または酸素を高電圧の放電空間に通すことにより生成する．生成したオゾン化空気をオゾン接触装置において沈殿水またはろ過水と接触させる．オゾンの注入率は1～2 mg/L，接触時間は5～15分とするのが一般的である．

図10.1にオゾン処理フローの例を示す．

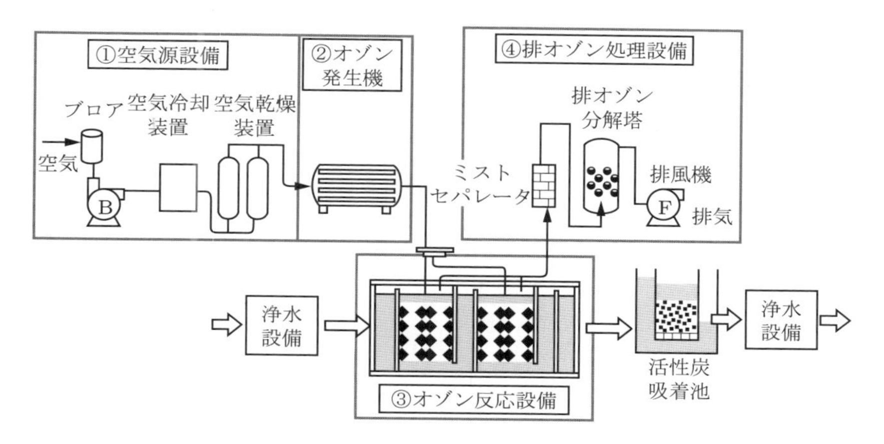

図10.1 オゾン処理フロー例［水道技術研究センター：浄水技術ガイドライン2010, p. 117, 図2.7-82, 水道技術研究センター, 2010.］

オゾン接触装置は，オゾンを溶解，接触させるオゾン接触槽と溶存オゾンの反応時間を確保するための滞留槽とで構成される．オゾン接触槽におけるオゾンの水への注入方式は，ディフューザ方式や下方注入方式などがある．

ディフューザ方式の場合は，向流式オゾン接触槽が多く採用され，散気したオゾン化空気と被処理水を向流で接触させて反応を進行させる．規模が大きな場合は，図10.

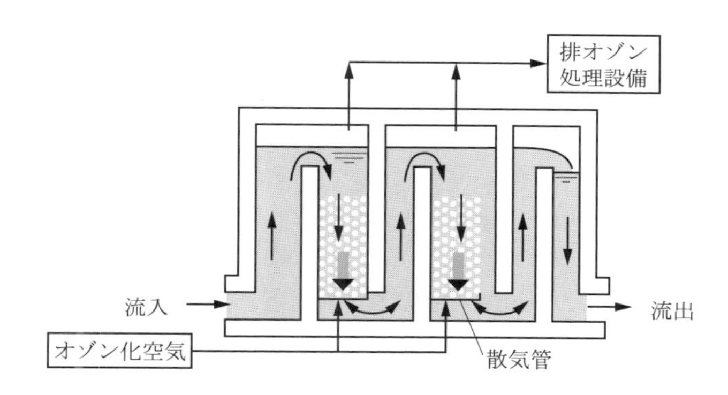

図10.2 多段ディフューザ方式模式図［水道技術研究センター：浄水技術ガイドライン2010, p. 119, 図2.7-83, 水道技術研究センター, 2010.］

2のように向流部を多段に配置し，最終段はオゾンを注入せず，溶存オゾンによる反応の進行だけを期待する滞留槽とする場合が多い．

下方注入方式の場合は，図10.3のように，下降管内でオゾンの溶解がほぼ終了し，上昇管内で反応が進行する．つまり，下降管がオゾン接触槽，上昇管が滞留槽のはたらきをする．

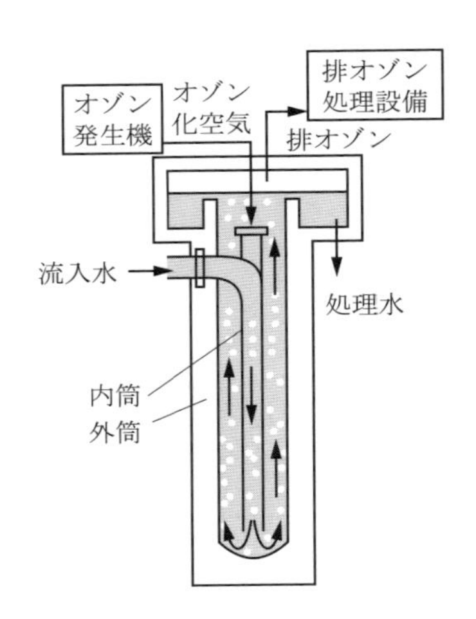

図10.3　下方注入方式模式図［水道技術研究センター：浄水技術ガイドライン2010，p.119，図2.7-84，水道技術研究センター，2010.］

10.2.2　排オゾン設備

オゾンは，光化学オキシダントであり，毒性が強いため，オゾン接触槽から排出される空気のなかのオゾン（排オゾン）は分解する必要がある．排オゾンの分解には，活性炭吸着分解法，二酸化マンガンなどによる触媒分解法などがある．

10.3　活性炭処理

活性炭は，木質（ヤシ殻，おが屑）や石炭などを原料として，これらの原料を炭化および賦活処理によりつくられた多孔性の炭素質の物質で，気体や液体中の微量有機物などを吸着する性質をもっている．

浄水処理用活性炭の賦活は，原料を900℃前後の高温で炭化し，水蒸気により活性化する水蒸気賦活法により行われる．

活性炭処理は，活性炭のもつ優れた吸着力を利用して，異臭味，有機塩素化合物，合成洗剤，農薬などの広範囲の物質を除去または低減する処理である．活性炭はその粒子の大きさにより粉末活性炭と粒状活性炭があり，活性炭処理は，粉末活性炭処理，粒状活性炭処理，生物活性炭処理の三つに分けられる．

表 10.1　活性炭処理の比較

処理方法	処理効果	建設費	維持管理費
粉末活性炭処理	△	◎	△
粒状活性炭処理と生物活性炭処理を併用	○	○	○
オゾン処理と粒状活性炭処理を併用	◎	△	△
オゾン処理と生物活性炭処理を併用	◎	△	○

†◎：優れている，○：普通，△：劣る

表 10.1 に活性炭処理の効果および経済性の比較を示す．

10.3.1　粉末活性炭処理

浄水処理において通常使用される粉末活性炭にはウェット炭（湿式，水分 50%程度）とドライ炭（乾式，水分 5〜10%程度）の 2 種類がある．

粉末活性炭処理は通常，凝集処理前の原水に注入して混和，接触させることにより吸着処理を行う．

ウェット炭の注入作業は，袋またはコンテナバッグを釣り上げ，計量した後，下部に設置したスラリー溶解槽に落とし込む．これを水と混合して一定濃度のスラリー液をつくり，計量装置を介してインジェクター，ポンプなどにより注入する．開梱，落とし込みなどの作業は自動化できない場合が多く，黒色の粉塵のある作業環境であるため，作業員の負担が大きい．

このため，粉末活性炭の注入頻度，注入量が多い場合，通常，自動運転で行われるドライ炭を用いる乾式注入設備が設置される．

乾式注入設備は，貯蔵設備と注入設備とで構成されている．貯蔵設備の容量は，連続注入の場合は 20 日分以上，時折注入する場合は 10 日分以上が標準となっている．

注入設備は，粉末計量機により活性炭を粉末のまま計量し，混合槽で給水と混合してスラリー液をつくり，インジェクター，ポンプなどで注入するものである．

10.3.2　粒状活性炭処理および生物活性炭処理

粒状活性炭処理は，活性炭吸着池に粒状活性炭を充填し，これに被処理水を流入させて吸着除去を行うもので，原水の水質が年間を通して良好でない場合に用いられる．

活性炭吸着池の構造については，通常の急速砂ろ過池に準じたもので，粒状活性炭の粒度はろ過砂より大きい粒度のものが多く使用される．

粒状活性炭の前段にろ過がない場合は，粒径が比較的大きく，均等係数の小さい活性炭が使用されている．一方，前段にろ過がある場合は，粒径が比較的小さく，均等係数の大きい活性炭が使用される．

粒状活性炭処理には，活性炭のもつ吸着作用を主として利用する粒状活性炭（granular activated carbon：GAC）処理と，これに加えて活性炭層内の微生物による有機物の分解作用を利用して活性炭の吸着機能を長く持続させる生物活性炭（biological activated carbon：BAC）処理がある．生物活性炭処理の場合，微生物による分解作用を期待するので，その前段では塩素を注入しない．粒状活性炭処理には，粒状活性炭処理単独の場合と，より大きな処理効果を期待してオゾン処理を併用する場合がある．

粒状活性炭処理には，塩素注入の位置の違いや，活性炭処理を砂ろ過の前におくか後におくかによって，次に示すようにいくつかの組合せがある．また，活性炭の種類や接触時間によっても除去性能が大きく変わる．したがって，原水水質だけでなく，期待する除去性能，建設費，維持管理費，維持管理の容易性などを総合的に考慮して処理方式を決める必要がある．

（1）粒状活性炭処理単独の場合

粒状活性炭処理単独の場合を図10.4に示す．図(a)の場合は，活性炭の寿命が短く，生物漏洩を防ぐために活性炭の適正な洗浄が必要である．また，図(b)の場合は，活性炭の目詰まり防止のため，沈殿水の濁度管理が重要である．

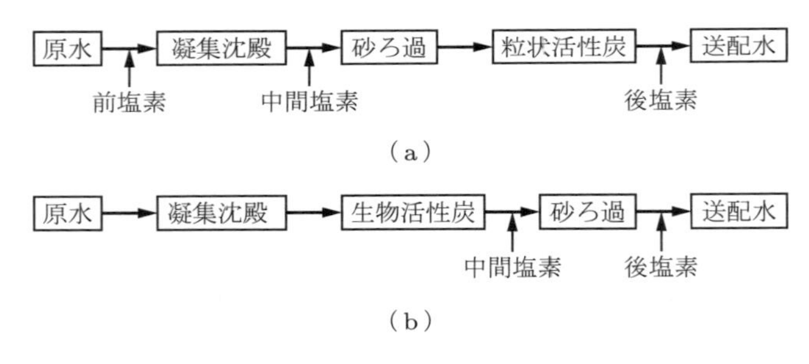

図10.4　粒状活性炭処理単独

（2）オゾン処理を併用する場合

オゾン処理を併用する場合を図10.5に示す．図(a)は，大阪府村野浄水場などに利用されているもので，生物漏洩を防ぐために活性炭の適正な洗浄が必要である．図(b)は，東京都金町浄水場などに利用されているもので，活性炭の目詰まり防止のため，沈殿水の濁度管理が重要である．図(c)は，東京都朝霞浄水場などに利用されているもので，活性炭への汚濁負荷が減少するが，2段の砂ろ過が必要である．図(d)は，大阪市柴島浄水場などで利用されているもので，生物漏洩を防ぐために活性炭の適正な洗浄が必要である．

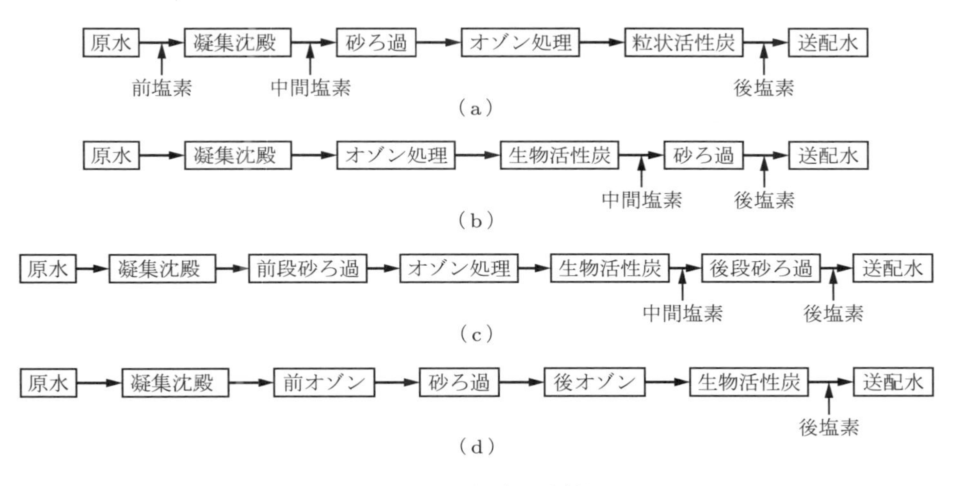

図 10.5　オゾン処理を併用

10.4　その他の処理

10.4.1　塩素処理

塩素処理は，塩素の強力な酸化力を利用して，アンモニア態窒素，鉄，マンガン，臭気などの有害物質を酸化させることを目的に行われる．

（1）アンモニア態窒素の除去

アンモニア態窒素は塩素と反応して塩素を大量に消費すると同時に，河川水ではしばしば濃度変化を示すため，残留塩素濃度のコントロールを困難にする．

また，塩素と化合して生じる結合塩素，とくにトリクロラミンは，いわゆるカルキ臭の原因となる．

アンモニア態窒素は，塩素処理により窒素ガスとして除去する．この場合，両者の反応時間が長いほど高い除去効果が得られるため，通常，塩素は凝集沈殿を行う前に注入される．これを前塩素処理という．前塩素処理は，アンモニア態窒素の除去には有効であるが，塩素はまた懸濁物質中の有機物とも反応し，トリハロメタンなどの消毒副生成物を生成する．そのため，沈殿処理によって懸濁物質を除去した後に塩素を注入する方法がとられる場合もあり，これを中間塩素処理という．

なお，これらと区別するため，砂ろ過後に消毒用の塩素を注入する場合を，後塩素処理とよぶ．

（2）鉄，マンガンの除去

水中に存在する鉄およびマンガンは，不溶解性の酸化型と溶解性の還元型に大別することができる．酸化型の鉄およびマンガンは，黄褐色～黒褐色の見かけ上の色（色度としては現れないが，見た目に色が付いている）を水に付けるが，通常の凝集沈殿，砂ろ過によって除去することができる．還元型の鉄およびマンガンは，嫌気的な環境で生じることが多く，水に色を付けずに溶解する．通常の凝集沈殿では除去できず残留している場合には，管路内の塩素あるいは空気中の酸素によって酸化され，水に見かけ上の色を付けることがある．

第一鉄およびコロイド状の鉄は，塩素によって容易に酸化されて不溶性の第二鉄となるため，前塩素処理によって除去することができる．しかし，溶解性のマンガンを除去するには，前塩素処理後さらにマンガン砂によってろ過する必要がある．

マンガン砂とは，砂粒の表面に二酸化マンガンの水和物（$MnO_2 \cdot H_2O$）の被膜が形成されているものをいい，0.5〜1.0 mg/L の遊離残留塩素の存在下でマンガンイオンがこの被膜に接触すると，マンガンイオンは酸化されて砂粒表面に付着する．マンガン砂は前塩素処理を継続することによって自然に生成されるが，あらかじめ人工的に生成しておくこともできる．

（3）臭気の除去

水中の臭気のうち，硫化水素臭，下水臭，腐敗臭などは，塩素処理でおおむね取り除くことができる．ただし，フェノール類やシクロヘキシルアミンのように，塩素と反応することによって強い臭気を発生する物質があるので注意を要する．

10.4.2　エアレーション

エアレーションは，地下水に含まれるトリクロロエチレン，鉄，臭気，侵食性遊離炭酸などの除去の目的で行われる．水と空気を接触させ，水中の揮発性物質を揮散させて除去したり，水溶性の物質を空気中の酸素で酸化させて除去しやすくしたりする．

エアレーションの方式は除去対象物質により異なる．充填塔式は，合成樹脂などでできた充填剤を塔に詰めて上から水を注ぎ，下から空気を吹き込んで水と空気を効率よく接触させる方式で，トリクロロエチレンなどの除去に適している．ノズル噴水式は，ノズルにより水を霧状に噴水させて空気と接触させる方式である．なお，排気中にトリクロロエチレンなどの有害物質を含む場合は，活性炭吸着設備を設けて除去する必要がある．

10.4.3　マイクロストレーナ

マイクロストレーナは，金属製または合成繊維製の微細なろ過網を用いて，水中の藻類などを除去する装置である．一般に，植物プランクトンの除去には，510 メッシュ（30 μm）のステンレス鋼製の網が用いられる．ろ過網は円筒形に張られており，それを回転させながら内部から外部へ水を通過させる．

10.4.4　鉄バクテリアを用いた処理

ある種の鉄バクテリアを繁殖させた緩速ろ過池でろ過することにより，溶解性の鉄およびマンガンを除去することができる場合がある．鉄バクテリアとよばれる細菌類には，還元型の鉄あるいはマンガンを酸化することによって生活する種類があり，おもに地下水中に生育する．したがって，この方法が採用できるのは，おもに地下水を水源とする場合や，鉄バクテリアの繁殖に適した水質の場合である．

10.4.5　海水淡水化

陸水系水源の乏しい一部の地域では，水源開発が困難なところもある．このような地域で，将来の水道の安定供給のため，海水淡水化施設を導入しているところがある．

海水淡水化の方式としては，蒸発法，電気透析法，逆浸透法の3方式がある．運転，維持管理が容易な逆浸透法が，わが国だけでなく世界的にも，多く採用されている．

逆浸透法は，水は通すが塩分は通しにくい性質をもつ半透膜を用いて淡水を得る方法である．一般に，海水の浸透圧は約2.4 MPaである．この浸透圧以上の圧力を海水にかけると，海水中の水だけが半透膜を通り，海水から淡水を得ることができる．

10.4.6　水酸化カルシウム注入（ランゲリア指数の改善）

水酸化カルシウム注入は，水の腐食性を改善するために行う処理法である．一般に，日本の水は軟水であり，比較的強い腐食性を示す．一般に，水の腐食性を示すランゲリア指数は，−2.0程度を示すことが多く，水質管理目標設定項目の目標値である「−1程度以上とし，極力0に近づける」とは開きがある．水の腐食性が強いと，鉄錆の発生による通水断面の縮小，各種管からの鉄，銅，鉛の溶出による水質劣化，コンクリート構造物やモルタルライニングからのカルシウム溶出による材質劣化などが起こる．水酸化カルシウム注入を行ってランゲリア指数を改善すれば，炭酸カルシウムの薄い被膜が形成され，これらの障害を解消できる．炭酸ガスを同時に注入すると，pHをあまり上げずに改善できる．ランゲリア指数を上げても目標値の範囲であれば給湯系などにおけるスケール増加の心配は少ない．なお，水酸化ナトリウムや炭酸ナトリウムはランゲリア指数の改善効果は小さく，被膜形成はない．

●演習問題

10.1 高度浄水処理の種類をあげ，その目的と方法について説明せよ．

10.2 粒状活性炭処理と生物活性炭処理の違いについて説明せよ．

10.3 オゾン処理の目的と方法について説明せよ．

第 11 章
消毒および消毒設備

水道水の衛生上の安全を確保するうえで最も重要であるのは，水道水によって伝播されるおそれのある水系感染症を防除することである．水系感染症の病原生物としては，赤痢菌，コレラ菌などの細菌類のほか，ウィルスや原虫などが知られている．これら病原生物が水道水によって伝播された場合，患者は年齢，性別，職業などに関係なく，爆発的に発生することが多い．

原水中の病原生物は，通常の場合，沈殿とろ過によって大部分が除去されるが，少数は残留する可能性があるので，それらを殺滅する目的で消毒が行われる．わが国では，給水栓水における残留塩素の保持が義務づけられていることから，消毒には必ず塩素剤が用いられる．塩素剤による消毒は効果が確実で消毒の残留効果があるうえ，注入が容易で，しかも安価であるが，トリハロメタンなどの消毒副生成物を生成するという問題があるため，最近は注入率の低減化や，オゾンや紫外線などの塩素剤以外の消毒剤の研究も進められている．

11.1 塩素消毒

消毒剤の消毒効果は，消毒剤の種類によって異なる．おもに消毒剤の濃度と接触時間とによって支配され，一定の消毒効果に対する消毒剤濃度 C と接触時間 T の積は，ほぼ一定であることが知られている．このことから，消毒剤濃度と接触時間の積を CT 値とよび，消毒剤濃度や接触時間を判断するのに用いる．

11.1.1 塩素剤の種類

水道水の消毒用の塩素剤には，液化塩素，次亜塩素酸ナトリウム，次亜塩素酸カルシウムがある．これらのうち，液化塩素が最も広く用いられてきたが，近年は液化塩素に比べて取扱いが容易な次亜塩素酸ナトリウムに切り換える例が多くなっている．次亜塩素酸カルシウムを消毒剤として経常的に用いている例は少ない．

（1）液化塩素

塩素（Cl_2）は，常温で窒息性の刺激臭をもつ黄緑色の気体で，空気の約 2.5 倍の重さをもち，工業的には食塩水の電気分解によって製造される．液化塩素は，ほぼ純粋

(99.4%以上）な塩素ガスを冷却しながら圧縮することにより，液化させたものである．使用時にはこれを徐々に気化させながら水に溶解させ，塩素水としたものを注入する．塩素ガスは吸入した場合の毒性が強いので，取扱いは十分注意して行わねばならない．

（2）次亜塩素酸ナトリウム

次亜塩素酸ナトリウム（NaOCl）は，水酸化ナトリウムの水溶液に塩素を通して製造される淡黄色の液体である．水道では，12%程度の有効塩素分を含み，pH 値を約13として市販されているものが一般に使用されているが，有効塩素分 1 ～ 5 %程度の次亜塩素酸ナトリウムを自家生成する方法も採用されてきている．次亜塩素酸ナトリウムには液化塩素のような危険性はないが，貯蔵中に有効塩素分が減少して塩素酸に変化しやすいので，長期間貯蔵後に使用する場合は有効塩素分と塩素酸濃度を測定して確認する必要がある．また，次亜塩素酸ナトリウムは酸と混合すると急激に反応し，塩素ガスを発生するので注意しなければならない．

（3）次亜塩素酸カルシウム

次亜塩素酸カルシウムは，水酸化カルシウム（消石灰）に塩素を吸収させて製造されるもので，粉末，顆粒，錠剤などの形態があり，高度さらし粉は60～70%の有効塩素分を含んでいる．貯蔵期間中における有効塩素分の減少は少ないが，火災時などにおいて高温にさらされた場合，酸素を一時に放出して爆発したり，分解して塩素ガスを発生させたりするので注意しなければならない．

11.1.2 塩素の消毒作用

（1）遊離残留塩素と結合残留塩素

塩素あるいは次亜塩素酸ナトリウムを水に注入すると次の反応が生じる．

$$\mathrm{Cl_2 + H_2O \rightleftharpoons HOCl}\text{（次亜塩素酸）}\mathrm{+ HCl} \tag{11.1}$$

$$\mathrm{NaOCl + H_2O \rightleftharpoons HOCl + NaOH} \tag{11.2}$$

$$\mathrm{HOCl \rightleftharpoons H^+ + OCl^-}\text{（次亜塩素酸イオン）} \tag{11.3}$$

式(11.1)～(11.3)の次亜塩素酸と次亜塩素酸イオンは，ともに消毒効果があり，この両者を遊離残留塩素（遊離塩素）という．この両者は，水の pH 値によって式(11.3)のように可逆変化する．消毒効果は次亜塩素酸のほうが次亜塩素酸イオンよりも強い．pH 値による両者の存在比の変化を図 11.1 に示す．水中にアンモニアや有機窒素化合物が存在する場合，塩素はそれらと反応してクロラミンとなる．アンモニアとの反応は次式のようである．

$$\mathrm{NH_3 + HOCl \longrightarrow NH_2Cl}\text{（モノクロラミン）}\mathrm{+ H_2O} \tag{11.4}$$

$$\mathrm{NH_3 + 2HOCl \longrightarrow NHCl_2}\text{（ジクロラミン）}\mathrm{+ 2H_2O} \tag{11.5}$$

$$\mathrm{NH_3 + 3HOCl \longrightarrow NCl_3}\text{（トリクロラミン）}\mathrm{+ 3H_2O} \tag{11.6}$$

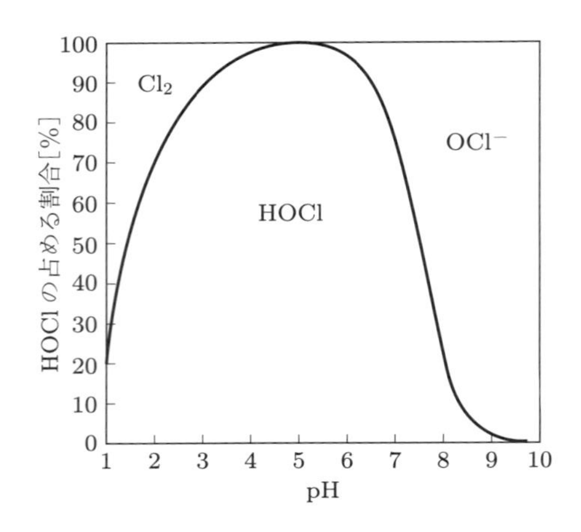

図 11.1　水中の残留塩素の形態と pH の関係

式(11.4)～(11.6)の 3 種のクロラミン中，モノクロラミンとジクロラミンとが弱い消毒効果をもち，この両者を結合残留塩素（結合塩素）という．3 種のクロラミンの生成比は，塩素とアンモニアの接触時間，pH 値などによって異なる．結合塩素は消毒効果が弱く，遊離塩素と同一の効果を発揮するためには，水温 20～25 ℃，pH 7.0 の条件下において，遊離塩素の約 25 倍の濃度，または約 100 倍の接触時間を必要とする．

(2) 塩素の消毒機構

塩素の消毒機構に関しては定説がなく，細胞膜破壊説，複合作用説，発生期酸素説，酵素破壊説，核酸破壊説などの諸説がある．

細胞膜破壊説は遊離塩素に関する説で，次亜塩素酸が細菌細胞のもつ呼吸作用や膜透過性を破壊し，細菌の基本的な代謝機能に損傷を与えるという説である．また，複合作用説はモノクロラミンに関する説で，モノクロラミンによって酵素の酸化，アミノ酸とたんぱく質の塩素化，脂肪酸の酸化などの作用が複合して生じ，細菌の生存を不能にするという説である．

(3) 塩素の消毒効果に影響を及ぼす因子

塩素の消毒効果は，残留塩素濃度や接触時間によって左右されるほか，次のような因子によっても影響を受ける．

① 水温：水温が高い場合は効果が上昇し，低い場合は効果が低下する．

② pH 値：pH 値が高い場合は次亜塩素酸イオンの存在比が高まるため，効果が著しく低下する．

③ 生物の種類：生物の種類によって塩素に対する耐性に差があり，一般に微生物で

は病原細菌＜大腸菌＜ウィルス＜細菌芽胞の順である．なお，線虫類やユスリカの幼虫などの小動物のなかには，非常に高い耐塩素性をもつものがあって，急速ろ過池からしばしば漏出し，1 mg/L 程度の遊離塩素濃度では生き残っている場合が少なくないので，注意する必要がある．

④ 生物の生息状態：生物が集塊状となっていて，細胞がその集塊のなかに埋没している場合は，集塊の内部まで消毒効果が及びにくい．

11.1.3　塩素消毒の方法

塩素消毒の方法は，アンモニアとの反応のさせ方によって不連続点塩素処理と，結合塩素処理とに大別することができる．また，塩素剤を注入する位置により，沈殿池の前で注入する前塩素処理，沈殿池とろ過池の間で注入する中間塩素処理，ろ過池の後に注入する後塩素処理に分類される．ただし，前塩素処理と中間塩素処理は，アンモニアや鉄・マンガンの除去など，おもに消毒以外の目的で用いられる．

（1）不連続点塩素処理

アンモニアや有機窒素化合物を含む水に塩素剤を注入した場合，塩素はまずそれらの窒素化合物と反応して結合塩素となる．結合塩素は塩素注入率を増加させるにつれて増加するが，塩素注入率がある量に達するとクロラミンが窒素ガスにまで酸化されるため，残留塩素濃度は 0 あるいはそれに近い値まで低下する．しかし，それを超えてさらに塩素注入率を増加させると，それに比例して遊離塩素が増加してくる．この一連の変化を図 11.2 に示す．

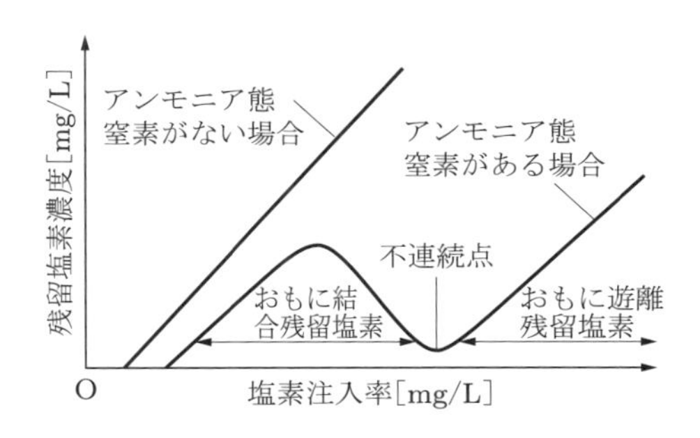

図 11.2　塩素注入率と残留塩素濃度との関係

この一連の変化においてみられる残留塩素濃度の最小点を不連続点（ブレークポイント）とよび，この点を超えるまで塩素注入率を上げて注入し，遊離塩素を生じさせる方法を不連続点塩素処理（ブレークポイント処理）とよぶ．不連続点塩素処理は十分な消毒効果が得られるだけでなく，鉄，マンガンの除去方法としても有効である．しかし，その反面，トリハロメタンなどの消毒副生成物を生じるという欠点がある．

（2）結合塩素処理

不連続点を超えさせずに，結合塩素によって消毒する方法を結合塩素処理（クロラミン処理）とよぶ．結合塩素処理は，マンガンによる色度の上昇やトリハロメタン生成の抑制には有効であるが，消毒効果が低く，またアンモニアの濃度が変動すると不連続点を生じて消毒効果が消失するおそれがある．遊離塩素を含む水と混合された場合も，やはり不連続点を生じて消毒効果が消失することがあるので，配水系統でそのような混合を行ってはならない．

また，遊離塩素はほとんど臭気を感じさせないのに対し，ジクロラミンやトリクロラミンは，一般にカルキ臭の原因となる．

11.2 その他の消毒方法

塩素消毒以外に，水道水用として検討されたり，実際に外国で使用されたりしている消毒方法には，次のようなものがある．

11.2.1 オゾン

オゾン（O_3）は淡青色の気体で，塩素より強い酸化力をもち，吸入した場合にはやはり有害である．浄水処理上では消毒のほか，異臭味や色度の除去，有機物の分解などの目的で使用される．高濃度のオゾンには爆発の危険があり，また不安定で分解しやすいために，通常は無声放電によるオゾン発生機で自家生成される．

オゾンによる消毒効果は水温や pH 値の影響を受けず，塩素よりもクリプトスポリジウムの不活化や異臭味の除去に効果があり，またトリハロメタンを生成しないなどの優れた点がある．しかし，その反面，消毒効果には塩素のような残留性がなく，臭化物イオンの存在下では次亜臭素酸を生じさせてそれが臭素化有機化合物を生成するなどの欠点もある．また，アンモニア態窒素とは反応しないため，アンモニア態窒素を除去することができない．

11.2.2 紫外線

水道における紫外線処理については，「水道におけるクリプトスポリジウム等対策指針」が平成 19 年 4 月 1 日より適用されたことを受けて，クリプトスポリジウムなどの耐塩素性病原生物の対策として，新たに位置づけられた．

クリプトスポリジウムの不活化は，紫外線（波長 253.7 nm 付近）の照射により DNA などの遺伝子が損傷を受けて感染性を失うためである．紫外線は，消毒副生成物を生成しない点で優れているが，懸濁物質が存在する場合は消毒効果が低下し，また消毒の残留効果がないなどの欠点がある．そのため，処理対象の水質としては，濁度 2 度以下，色度 5 度以下，紫外線の透過率が 75% を超えることなどが要求される．

11.2.3 二酸化塩素

二酸化塩素（ClO_2）は黄緑色の気体で，塩素よりも強い酸化力をもち，浄水処理上では消毒のほか，異臭味を除去する目的でも使用される．二酸化塩素による消毒効果を塩素の消毒効果と比較した場合，生物の種類によって相違がみられるが，全般的にはほぼ同じかやや高い程度である．しかし，pH 値の影響を受けないため，pH 値が高い場合は塩素よりも高い消毒効果が得られる．一方，二酸化塩素はアンモニア態窒素と反応しないためそれを除去することができず，また二酸化塩素の分解産物である亜塩素酸イオンや塩素酸イオンは健康上の障害を生じさせる可能性があるため，二酸化塩素の注入率は厳密に制御する必要がある．

11.3 消毒設備

11.3.1 貯蔵設備

消毒は浄水処理の基本であり，欠かすことができないので，液化塩素などの消毒剤の貯蔵量には十分なゆとりをもたせ，使用量の 10 日分以上は常に確保しておく必要がある．

液化塩素の容器には，可搬性の 50 kg ボンベまたは 1 t ボンベと，浄水場に固定して設置される貯槽とがある．一般に，50 kg ボンベは直立させた状態で，また 1 t ボンベは横置きの状態で使用される．ボンベには，転倒あるいは転がりを防止する装置を設けなければならない．貯槽は通常 10～30 t 程度のものが使用されるが，必ず 2 槽以上設置して 1 槽を空の状態に保ち，事故発生時には事故槽の塩素をただちに移送できるようにしておく必要がある．

これらの液化塩素の容器は黄色で塗色することと定められているほか，高圧ガス取締法などの関連法規によって取扱いが細かく規定されており，貯蔵にあたっては漏洩の防止，直射日光や湿気の防止に十分注意しなければならない．

次亜塩素酸ナトリウムは強アルカリ性で腐食性があるので，貯槽にはコンクリートまたは鋼板製タンクの内面に，耐腐食性のライニングを施したものが用いられる．また，貯蔵中は，日光の直射や温度の上昇を避けるなどして有効塩素分の減少をなるべく防止するとともに，有効塩素分を定期的に測定して確認する必要がある．

11.3.2 生成設備

一般に，次亜塩素酸ナトリウムの自家生成は，約 3 %の塩化ナトリウム（食塩）水溶液を電気分解することによって行われ，電気分解によって生成された塩素ガスと水酸化ナトリウムは，溶液中でただちに反応して次亜塩素酸ナトリウムとなる．生成方式は，陽極側と陰極側を仕切る隔膜の有無によって隔膜法と無隔膜法とに分けられ，一般に，隔膜法を用いたほうが有効塩素濃度の高い次亜塩素酸ナトリウムが得られる．

生成装置はおもに電解槽，気液分離器，熱交換機などから構成されるが，次亜塩素酸ナトリウムを生成するには，このほかに原料である塩化ナトリウムの貯蔵槽，その溶解槽と希釈水槽などが必要である．生成した次亜塩素酸ナトリウムの貯蔵および注入は，市販の次亜塩素酸ナトリウムに使用するものと同じでよい．

なお，塩化ナトリウム水溶液を電気分解する際に発生した水素ガスを速やかに大気中に放散させるため，排気ファンを設置しておく必要がある．

11.3.3　注入設備

液化塩素の注入機は，乾式注入機と湿式注入機とに大別することができる．乾式注入機は塩素ガスを水中に直接注入するもので，塩素溶解用の水が十分得られない場所などで用いられるが，塩素の溶解量に限界があるため，注入量もその限界以内に限定される．

通常使用されているのは，塩素ガスをいったん水に溶解させ，塩素水としたものを注入する湿式注入機であり，これには圧力式注入機と真空式注入機の別がある．圧力式注入機は混合瓶のなかで塩素ガスを水面から溶解させ，塩素水とする方式のものであり，真空式注入機は圧力水によってインジェクタに生じた真空力を利用し，塩素ガスを吸引しながら圧力水に溶解させて塩素水とするものである．真空式注入機には，圧力式注入機より高濃度の塩素水を生成することができ，圧力管にも直接注入できるなどの利点があるため，現在最も広く用いられている．

塩素注入用の配管は，耐圧試験，漏洩試験を行って，塩素ガスの漏洩の防止を図らなければならない．

次亜塩素酸ナトリウムの注入に際しては，次亜塩素酸ナトリウムの自然分解にともなう気泡の発生により，注入管が閉塞することがある．また，次亜塩素酸ナトリウムの希釈に用いる水の硬度が高い場合，カルシウムなどを主成分とするスケールが発生し，やはり注入管を閉塞することがあるので注意しなければならない．スケールによる注入管の閉塞の防止には，酸洗浄，あるいは軟水化装置による希釈水の硬度成分除去などの方法が用いられる．

11.3.4　除害設備

塩素ガスについては，労働基準法により作業時の最高許容限界が 1 ppm と定められている．また，液化塩素については一般高圧ガス保安規則により，貯蔵するときは漏洩検知器，中和装置などの除害設備を設けることとされている．

漏洩検知器は，塩素ガスを含む空気を検出セルに接触させて塩素ガス濃度を検知するもので，通常これには警報装置が設けられる．

中和装置には充填塔方式，回転吸収方式，傾斜棚方式などの方式があるが，いずれも漏洩した塩素ガスを水酸化ナトリウムの 15〜20％水溶液に効率よく接触させることを図ったもので，水酸化ナトリウム水溶液と接触した塩素ガスは，亜塩素酸ナトリウム，食塩，水に変化する．中和装置は漏洩検知器と連動させ，自動的に作動するようにしておくのが有効である．

なお，事故時の応急対策のために，保安用の器具，材料，防毒マスクなどの保護具を常備しておく必要がある．

●研究課題

11.1 水道水の消毒剤として用いられる塩素の長所と短所について調べてみよう．

11.2 塩素剤以外で，水道水の消毒に有効とされる消毒剤について調べてみよう．

●演習問題

11.1 塩素の消毒効果に影響を及ぼす諸因子について説明せよ．

11.2 塩素消毒上における不連続点および不連続点処理について説明せよ．

第 12 章

排水処理

浄水処理能力 1 万 m^3/日以上の浄水場の沈殿施設およびろ過施設は，水質汚濁防止法の特定施設に指定されており，これらの施設を備えた浄水場からの排出水は，その水域にかかる排水基準を守らなければならない．すなわち，沈殿池に堆積したスラッジやろ過池の洗浄排水を主体とする浄水場から出る排水を，そのまま河川に放流することはできないため，なんらかの処理を行う必要があり，そのための技術が排水処理である．

12.1 排水処理施設の構成と機能

排水処理は，調整，濃縮，脱水，乾燥および処分の工程からなり，発生する排水やスラッジの性状や量に合わせて，その全部または一部をもって構成される．

一般的な排水処理方式を図 12.1 に示す．

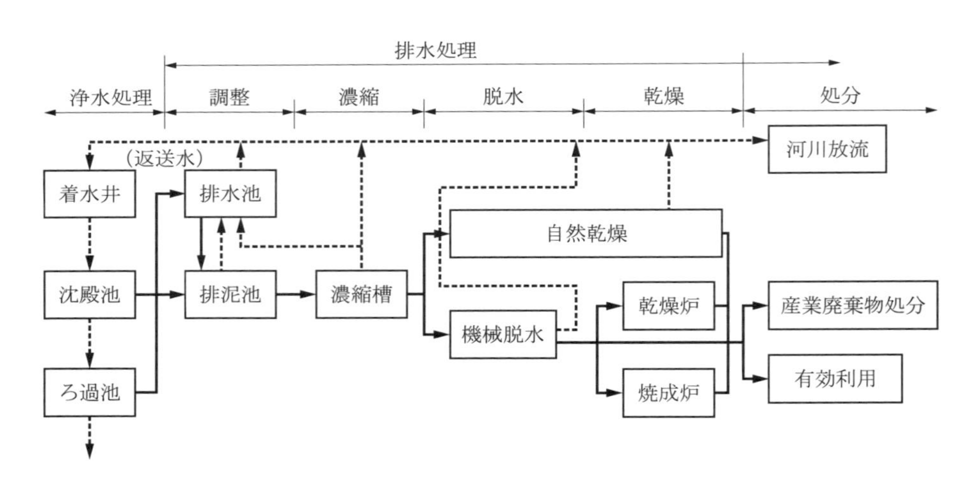

図 12.1　一般的な排水処理フロー

なお，排水処理の過程で生じる調整工程の上澄水や脱水工程の脱離液などは，原水として返送，利用することも可能であるが，溶解性物質などが濃縮されるので，水質を検査し，必要に応じて浄水処理に影響しないように処理をする必要がある．

① 調整工程：調整工程は，排水池と排泥池とからなり，排泥量と質の調整を行う工程である．排水池は，急速ろ過池からの洗浄排水を受け入れ，排泥池は沈殿池からの排泥を受け入れる施設である．排水池，排泥池ともに排水の時間的な変動を調整し，濃縮処理以降の処理量などを一定にするはたらきがある．また，両施設ともに沈殿効果を期待できるので，上澄水は，河川などへの放流や原水として返送，利用することも可能である．

② 濃縮工程：濃縮工程は，排泥池から送られてきたスラッジの濃度を高め，脱水しやすい状態にするための工程で，濃縮槽が主体となる．

③ 脱水工程：脱水工程は，濃縮施設で濃縮されたスラッジからさらに水分を除去し，処分しやすい形にするための工程で，脱水施設には，自然の力を利用するもの，機械力を利用するものがある．

④ 乾燥工程：乾燥工程は，脱水工程で十分な脱水ができない場合やケーキ（発生土ともいう）の処分あるいは有効利用のために，さらに乾燥を必要とするような場合に採用される．天日乾燥方式と熱乾燥方式がある．

⑤ 処分工程：処分工程は，発生したケーキを運搬し，有効利用あるいは埋め立てを図る工程である．

12.2　浄水場排水の性状

排水処理施設の計画を立てるにあたっては，その浄水場で発生する排水の性状を把握しなければならない．

水源の相違によって濁質の性状が異なり，スラッジ性状や脱水ケーキの性状も変わってくる．一般に，貯水池や湖沼を水源とする場合は，比較的大きい粒子が停滞水域で除去されるため，原水中の濁質は微細粒子が多くなる．また，藻類などの生物が発生しやすく，有機物が比較的多いためにスラッジの濃縮性，脱水性に悪影響を及ぼす場合が多い．

原水の水質のほかに，浄水場で添加される各種薬品類も排水処理工程に影響を与えるので，凝集剤，アルカリ剤，補助剤などが入ったスラッジの濃縮，脱水性を事前によく調べておく必要がある．

12.3　計画排水処理量

排水処理施設は，計画処理固形物量をもとに設計する．計画処理固形物量は，計画浄水量，計画原水濁度，凝集剤注入率などをもとに算出する．

12.4 調整施設

調整施設は，沈殿池やろ過池から排出される排水や排泥を受け入れ，後に続く処理工程の負荷を調整するためのもので，排水池と排泥池がある．

排水池の容量は，1回の洗浄排水量以上とし，池数は2池以上とすることが望ましい．有効水深は2〜4 m，高水位から周壁天端までの余裕高は60 cm以上を標準とする．また，返送水管およびスラッジ引抜管を設ける．

排泥池は，24時間の平均排泥量と，1回の排泥量のいずれか大きいほうの値以上の容量をもち，池数は2池以上とする．その他の事項は排水池に準じる．

12.5 濃縮施設

濃縮施設は，排水池，排泥池，沈殿池のスラッジを受けて，自然沈殿により濃縮を行う施設で，濃縮槽が主体である．スラッジ濃縮のおもな目的は，脱水効率の改善と脱水機容量の減少である．

濃縮槽の容量は，滞留時間を計画スラッジ量の24〜48時間，固形物負荷は10〜20 kg/m^{2}日を標準として求める．濃縮槽の所要面積は，槽内のスラッジが上昇流速に逆らって沈降するために必要な流速を満たす面積，すなわち清澄条件を満足する面積と，濃縮して沈降速度の遅くなったスラッジを，下部へ遅滞なく移行させるために必要な水平断面積，すなわち濃縮条件を満足する面積とを，処理対象スラッジについて，沈降濃縮試験を行って求め，それらのうち大きいほうの値を採用する．沈降濃縮試験から濃縮槽の必要面積を求めるさまざまな方法が提案されているが，いずれの方法も理想状態での概略値を与えるもので，最適な値を得ることはできない．そのため，なるべくパイロットプラントを用いて実験を行って固形物負荷を求めて，これをスケールアップして必要表面積を求める必要がある．

① 回分式濃縮槽：回分式濃縮槽は，排泥池などからのスラッジの排出が間欠的に行われる場合や，処理すべきスラッジが少量の場合に用いられる方式である．図12.2(a)のように，槽の中央または一方からスラッジを槽内に満たし，一定時間静止

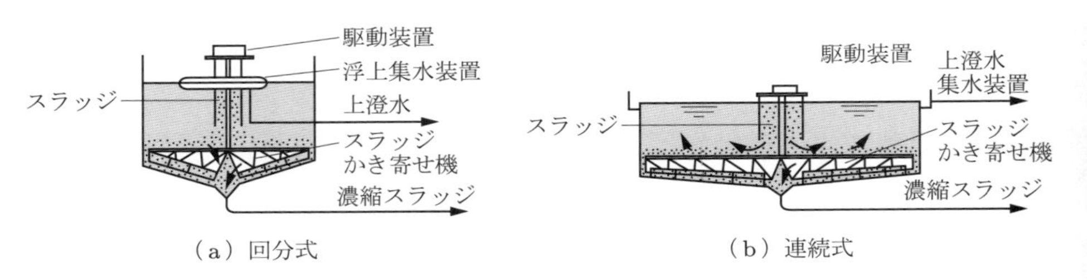

図12.2　濃縮槽概略図

して固液分離後に上澄水を取り出すため，水位の変動が大きく，可動式の上澄水取出し装置が必要となるが，運転管理が容易に行えるという利点がある．

② 連続式濃縮槽：連続式濃縮槽は，排泥池などからのスラッジの排出が連続的に行われる場合や処理すべきスラッジが多量の場合に用いられる方式である．連続式濃縮槽は，図 12.2(b)のように，毎時一定のスラッジを槽中央に供給し，固液分離を行い，底部から一定量の濃縮スラッジを引き出す．上澄水の取出しは，回分式と異なって水位がほぼ一定しているので，越流堰などの固定式の上澄水取出し装置を用いる．

12.6 脱水施設

浄水場から排出されるスラッジを，処分しやすい状態にすることが脱水の目的である．脱水の方法には，自然のエネルギーを利用したものと機械力による場合とがある．

脱水方式の採用状況についてまとめたものが表 12.1 である．これからわかるとおり，自然乾燥方式は機械脱水方式を上回って採用されている．脱水のなかでは，加圧脱水方式が 90％近くを占め，これに次ぐ遠心分離方式，機械脱水方式などは設備の更新に合わせて加圧脱水方式へ移行する例がみられる．

表 12.1　脱水方式の採用状況[1]

方　式	上水道事業		用水供給事業		計	
	施設数	構成比［%］	施設数	構成比［%］	施設数	構成比［%］
自然乾燥方式	253	55.4	80	48.8	333	53.6
自然，機械併用方式	31	6.8	14	8.5	45	7.2
機械脱水方式	173	37.9	70	42.7	243	39.1
計	457	100.0	164	100.0	621	100.0

12.6.1 自然乾燥方式

自然乾燥方式は，天日乾燥方式が代表的なもので，排泥池または濃縮槽からの濃縮スラッジを乾燥床に投入し，脱水，乾燥させる方式である．

中小規模の浄水場で，排泥の頻度が少なく，立地，気候条件もよく，用地の確保が容易な場合には，維持管理上および経済上有利な脱水方式である．

なお，1 日の処理能力が，100 m^3 を超えるものは，産業廃棄物処理施設としての適用を受けるので，一定の基準を守らなければならない．

12.6.2 前処理

スラッジの濃縮性や脱水性を改善するために，さまざまな前処理が採用されている．

表 12.2　濃縮前処理方式の採用状況[1]

方　式	上水道事業		用水供給事業		計	
	施設数	構成比［%］	施設数	構成比［%］	施設数	構成比［%］
無薬注	258	83.2	107	93.0	365	85.9
酸処理	1	0.3	0	0.0	1	0.2
凝集処理	43	13.9	8	7.0	51	12.0
その他	8	2.6	0	0.0	8	1.9
計	310	100.0	115	100.0	425	100.0

濃縮性を高めるための，濃縮前処理は，90%近くが薬品を用いない無薬注方式であり，以前はよく行われていた硫酸による酸処理は，現在ではほとんど行われていない(表 12.2).

また，脱水性を高めるための脱水前処理には，石灰処理，凝集処理，凍結処理などがある．それぞれの方式の特性を表 12.3 に示す．最も多い加圧脱水方式では，石灰や凝集剤などの薬品を用いない無薬注方式が多くなってきている．

表 12.3　脱水前処理の特性[9]

	石灰処理	高分子凝集剤処理	凍結融解処理
使用薬品	水酸化カルシウム 酸化カルシウム	高分子凝集剤	—
脱水性の向上	大	大	大
脱水機種	真空ろ過，加圧ろ過，加圧圧搾ろ過	遠心分離，造粒脱水	真空ろ過，遠心分離，加圧ろ過
脱水ろ液†などの性状	清澄 pH 高い	清澄 高分子凝集剤残留	良好
脱水ろ液などの処理	アルカリ剤として利用または pH 調整後返送か河川放流	濃縮槽へ返送 濃縮槽上澄水は河川放流	原水として再利用 または河川放流
ケーキの力学的性質(無処理と比較して)	良好	良好	良好
固形物量の増減	増加（15～50%）	不変	不変
処分上の問題点	pH 高い	高分子凝集剤を含有	—

† 排水処理では脱水工程などで生じる液体をろ液という．

12.6.3　脱水機

機械脱水方式の採用状況を表 12.4 に示す．上水道事業，用水供給事業のほとんどが加圧脱水方式を採用している．各種脱水機の特性を表 12.5 に示す．

表 12.4 機械脱水方式の採用状況[1]

方式	上水道事業		用水供給事業		計	
	施設数	構成比［%］	施設数	構成比［%］	施設数	構成比［%］
加圧脱水	150	89.8	64	95.5	214	91.5
真空脱水	4	2.4	0	0.0	4	1.7
遠心分離	4	2.4	2	3.0	6	2.6
造粒脱水	1	0.6	1	1.5	2	0.9
その他	8	4.8	0	0.0	8	3.4
計	167	100.0	67	100.0	234	100.0

表 12.5 各種脱水機の特性

	真空脱水機	加圧脱水機		遠心分離機	造粒脱水機
		加圧脱水機	加圧，圧搾脱水機		
使用されている形式	ベルト型が多用されている.	横型	縦型，横型	デカンター型が一般的である.	ドラム型
脱水機構	減圧ろ過（-0.3～0.6 kg/cm^2）	給泥圧力（5～6 kg/cm^2 によるろ過）	給泥圧力（3～5 kg/cm^2）と圧搾（10～15 kg/cm^2）によるろ過	遠心分離による固液分離（1500～3000 G）	凝結したスラッジの重力による水の分離
給泥方法	連続	間欠	間欠	連続	連続
適用比抵抗値［m/kg］	10^9～10^{11}	10^{10}～10^{11}	10^{11}～10^{13}	—	—
脱水面積あたりの処理能力	大	小 脱水面積を大きくすることで対処	中	大	大
前処理	石灰，凍結融解	石灰，高分子凝集剤，凍結融解	石灰，高分子凝集剤，凍結融解	高分子凝集剤，凍結融解	高分子凝集剤（水ガラスを加える場合もある）
ケーキ含水率† ［%］	60～80	55～70	45～65	60～80	65～80
分離液の性状	おおむね清澄	清澄	やや不良	前処理による	清澄 高分子凝集剤残留
その他	スラッジ性状による影響大	—	スラッジ性状によっては前処理を必要としない場合もある.	乾燥，焼成の工程が必要な場合もある.	スラッジ濃度が低くても，使用できる. 乾燥，焼成の工程が必要な場合もある.

† 含水率については，ケーキ性状がそれぞれ異なるので，一概に数値だけで優劣を決められない.

(1) 加圧脱水機

図12.3に示す加圧脱水機は，複数のろ板，ろ枠，ろ布からなり，ろ板とろ枠の間にろ布が挟まれている．ポンプによって圧入された原スラッジはろ枠部に入り，原スラッジ中の固形分はケーキとしてろ布面のろ室に蓄積され，ろ布を通過したろ液は，ろ板よりろ液送管を通して排水する機構となっている．さらに，脱水効率を高めるため，ろ室内にゴムなどでできた膜状のダイヤフラムを設け，圧力水の供給によりダイヤフラムを膨らませることで，ろ室内のろ過ケーキを圧搾し，脱水を促進させるものもある．加圧脱水機には，縦型と横型がある．

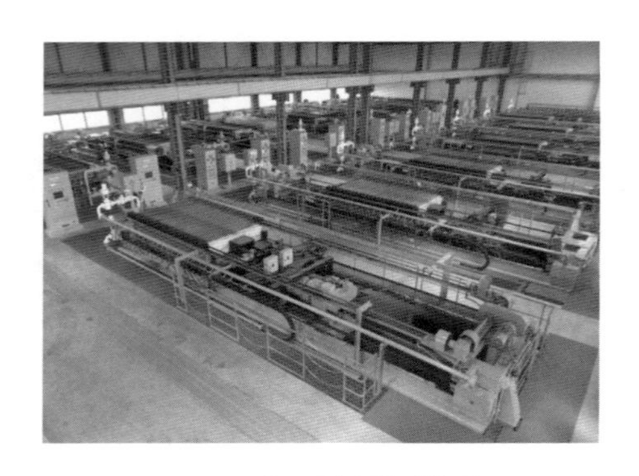

図12.3　加圧脱水機（横型）

横型の脱水機が開発され，ろ布の面積を大きくとれるようになったため，ろ過速度の低下をろ過面積の増加で対応することが可能になった．そのため，薬品添加をしない無薬注法が普及してきている．ケーキの含水率は，55～65％と，真空ろ過に比べて少なく，圧搾機構が付いた脱水機の場合にはさらに5～10％程度少なくなる．

(2) 真空脱水機

真空脱水機は，ドラム，真空装置，ろ布からなる．ドラム表面にある原スラッジを，ろ布を通して真空力を与えることによって脱水するものである．真空脱水機は，ドラムの背面の仕切り方によって，多室形と単室形に大別される．

ケーキの含水率は，前処理方法の違いやスラッジの性状によって大きく変わり，60～80％程度である．

(3) 遠心分離機

遠心分離機は，高速回転している回転ドラム形遠心機のなかに，高分子凝集剤を添加して前処理を施した原スラッジを供給する．遠心分離機内では強大な遠心力により，比重の大きい固形物は速やかに沈降し，回転ドラムの内壁に付着して，固液分離が行われる．内蔵されたスクリューコンベアーにより，固形分はケーキとして機外へ排出される．

遠心分離法は，高分子凝集剤を添加したスラッジを脱水することから，真空脱水機や加圧脱水機よりも脱水性が劣る．遠心分離機から出るケーキの含水率は60〜80％程度と高い．そこで，遠心分離機の後に乾燥，焼成の工程を組み合わせれば，含水率の少ないケーキが得られ，処分上も有利となる．

（4）造粒脱水機

湿式回転ドラム形の重力式脱水機で，原スラッジに高分子凝集剤と水ガラスを加え，ゆっくりとしたかくはんを与えるとスラッジの粒子は相互に付着凝集する．

水中においてこの粒子に転がり運動を与えると，粗大粒子となり，粒子間の水分が除去され，塊状に結合する．水分はドラムに設けたスリットから排出され，ケーキはドラム終端部の開口部から排出する構造になっている．

造粒脱水法は，石灰添加処理や酸処理の弱点を解消するために開発されたもので，脱水性そのものはほかの3機種より劣るが，構造が最も簡単で故障が少ないという長所がある．造粒脱水機から出るケーキの含水率は，65〜80％程度であるので，ほかの乾燥工程を組み合わせて使われる例が多い．

12.7　処分施設

処分施設は，処理および処分の方法に応じた規模と能力をもつものとし，また，これによって二次的な環境被害を生じないように，次のようなことを検討しなければならない．

① ケーキの含水率は85％以下であること
② 処分地からの浸出水によって，公共用水域や地下水の汚染を生じさせないこと
③ 埋め立て処分地の将来の利用目的に合致したものであること
④ 埋め立て用地は十分な広さをもっていること
⑤ 処分地は発生土の輸送にあたって，その経路，頻度，方法などから適切な位置にあること

発生土の処分方法としては，埋め立て処分が多く行われているが，処分地の確保や輸送手段の確保にさまざまな問題を抱えている大都市周辺では，発生土の有効利用に関して多くの検討がなされてきた．現実に，セメントの原材料として利用されたり，グランド造成材，水稲育苗培土，園芸用土（図12.4），造成地の埋め立て用として使われている例がある．

図 12.4　発生土の活用例

第 13 章

配水施設概説

浄水施設で浄化された浄水を，水道使用者の需要に応じて，一定の圧力をもたせて分配するための施設が，配水施設である．

配水施設のなかでとくに重要なものは，配水池と配水管であり，配水施設は最終的に消毒された浄水を扱う施設であるので，外部からの汚染に対する防止策は重要である．また，配水管の延長は，非常に長くなり，その建設に要する費用は水道施設のなかでも最も大きなものになるので，計画，設計，施工，管理の各観点から，よく検討しなければならない．

13.1 配水方式

配水方式には自然流下式，ポンプ加圧式および併用式がある．

配水区域内，またはその周辺に適当な高所が得られれば，図 13.1(a)のような自然流下式を採用するのが望ましい．自然流下式は，重力を利用するので，エネルギーが

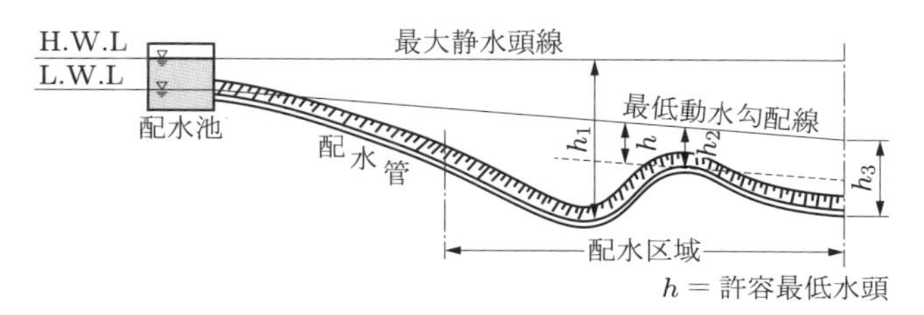

（a）自然流下式

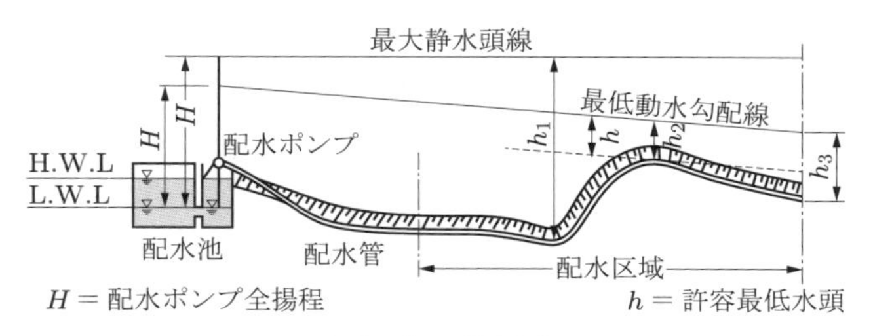

（b）ポンプ加圧式

図 13.1　配水方式

少なくて済むうえに，停電などの事故時にも断水を避けることができ，給水の安全性も確保できるので，できるかぎりこの方式を採用するとよい．

適当な高所が確保できない場合には，図13.1(b)のようなポンプ加圧式を採用する．しかし，地形を利用できる部分があれば，そこは自然流下式とし，ほかはポンプ加圧式を利用した併用式とすべきである．

ポンプ加圧式は，夜間などの需要量の少ない時間帯には，配水圧力を低下させることによって，配水区域内の圧力を減少させ，漏水などの無駄を省くことができる．

配水区域内に大きな高低差がある場合には，区域をいくつかに分けて，それぞれに適した方式を採用するのがよい．

13.2 配水池

13.2.1 機　能

配水池は，送水施設と配水管の間に設け，配水量の時間変動を調節するための施設である．送水施設がない場合には，浄水施設に続いて設け，配水量の変動が浄水量に影響しないようにする．

一般に，給水区域内の給水量は，図13.2のような時間的変動を示す．このパターンは，区域の需要特性によって異なる．住宅などの一般家庭が多い場合には生活用水の変動が大きいので，朝と夕方の2回の山をもったパターンになる．用水型の工場などが大量に水を使う場合や，大都市などで，都市活動用水の占める割合が多い場合には，昼間の山は顕著に現れない．配水池の機能には，このような配水量の時間変動分を調節する機能のほかに，浄水場や送水管路などの突発事故，あるいは水質事故などで浄水処理が停止し，配水池への補給が中断された場合においても，ある程度の時間

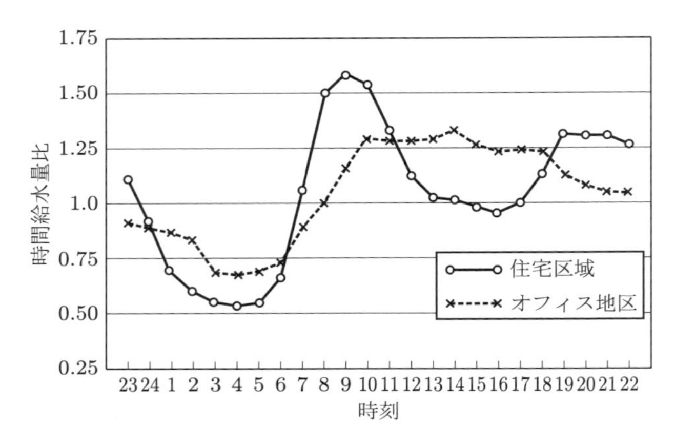

図13.2　給水量の時間変動

分の配水量を確保する非常時対応機能が求められる．確保すべき水量は，都市の大きさや，都市の果たしている機能などによって異なるが，過去の事故例や，復旧の見通しなどを参考にして定めるとよい．

13.2.2 配水池容量の決め方

配水池の容量は，必要な機能を果たすためにさまざまな観点から要求される容量を加えたもので，計画一日最大給水量の 12 時間分が標準とされてきた．しかし，配水池より上流部の施設事故や，渇水，水質事故などの異常時にもできるかぎりの対応を図るためには，より大きな容量を確保すべきである．

とくに，小規模水道では，給水量の時間変動が大きいうえに，消火用水量の占める割合が，通常の使用水量に比べて高いので，このようなことも考慮して配水池容量を決定する．計画給水人口が 50000 人以下の配水池では，火災時に消火用水を使用した場合，一般給水に支障を及ぼすおそれがあるので，消火用水量を加算する必要がある．

時間変動対応分の配水池容量は，以下の手法で算出する．

◎面積法　縦軸に計画一日最大給水量時における時間配水量，横軸に時刻を取り，配水量変化曲線を得る．浄水場からの送水量が一定とすると，配水量変化曲線の時間平均配水量を超えた面積は配水池水量の減少分を示し，時間平均配水量を割る面積は配水池水量の増加分を示す．配水池水量の減少分が時間変動対応分の配水池容量となる．

◎累加曲線法　縦軸に累加配水量，横軸に時刻を取り，配水量累加曲線を得る．浄水場からの送水量が一定とすると，送水量累加曲線は直線となり，配水量累加曲線が直線を超える配水量の減少した点と直線を割る配水量が増加した点で，それぞれの点と曲線との最遠距離の和が，時間変動対応分の配水池容量となる．

例題 13.1　計画一日最大給水量が 18400 m^3 の水道施設を新設するにあたって，類似都市の実績から表 13.1 に示すような，時間 - 配水量比率（時間別配水量を平均時間配水量で割ったもの）を得た．これをもとにして，面積法により配水池容量を求めよ．

表 13.1　時間 - 配水量比率

時　間	配水量比率	時　間	配水量比率	時　間	配水量比率	時　間	配水量比率
0～1	0.33	6～7	1.25	12～13	1.24	18～19	1.54
1～2	0.20	7～8	1.50	13～14	1.18	19～20	1.36
2～3	0.15	8～9	1.70	14～15	1.10	20～21	1.04
3～4	0.14	9～10	1.68	15～16	1.17	21～22	0.65
4～5	0.30	10～11	1.53	16～17	1.38	22～23	0.45
5～6	0.95	11～12	1.31	17～18	1.50	23～24	0.35

解　縦軸に配水量比率，横軸に時間を取り，グラフを描くと，図13.3のようになる．図から，配水池水量の減少分を示す配水量比率1.0以上の面積の割合は5.48/24であり，計画一日最大給水量の5.48時間分の容量が必要なことがわかる．

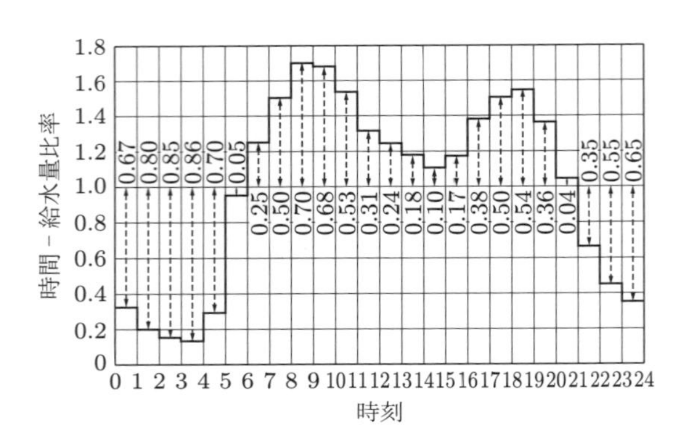

図13.3　面積法による計算例

したがって，時間変動対応分としての配水池容量は，次のようになる．

$$18400\,\mathrm{m}^3 \times \frac{5.48}{24} \fallingdotseq 4200\,\mathrm{m}^3$$

例題13.2　【例題13.1】を累加曲線法により求めよ．

解　図13.4に示すように，縦軸に累加配水量比率を，横軸に時間を取り，各時間に対応する累加配水量比率をプロットすれば，時間－配水量比率累加曲線が得られる．

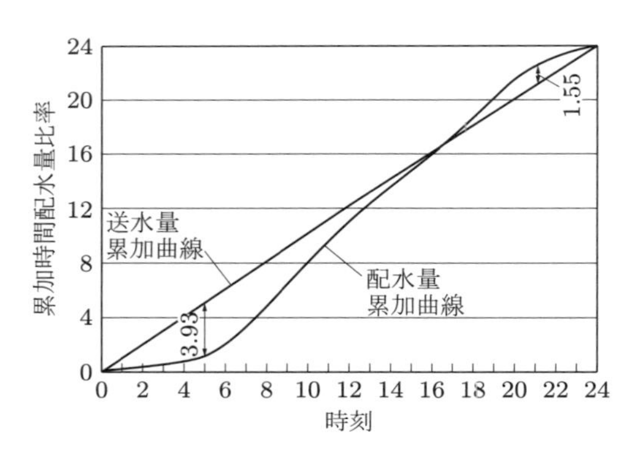

図13.4　累加曲線法による計算例

送水量比率累加曲線の下側および上側で，累加給水量比率曲線までの最遠距離を測ると，それぞれ 3.93，1.55 となり，その和は 5.48 となる．送水量比率および時間－配水量比率の累加量はそれぞれ 24.0 であるから，配水池容量として一日最大給水量の 5.48 時間分が必要なことがわかる．

したがって，配水池容量は次のようになる．

$$18400\,\mathrm{m^3} \times \frac{5.48}{24} \fallingdotseq 4200\,\mathrm{m^3}$$

13.2.3　構　造

配水池の構造には，鉄筋コンクリート造り，プレストレストコンクリート造り，鋼製（ステンレス製も含む），FRP（強化プラスチック）製などがある．

いずれの構造でも，配水池に蓄えられる水は浄水であるから，雨水や汚水が外部から侵入したり，日光がさし込んで藻類が繁殖したりしないように，水密性や耐水性の高い構造としなければならない．

また，非常時における貴重な飲料水が蓄えられている施設であるから，地震時などに破損や亀裂などによって，貯留水が流出することがないように十分な強度をもっていなければならない．

形式には，地下式，半地下式，地上式がある．

鉄筋コンクリート造りの配水池は，長方形が一般的で，柱梁構造かフラットスラブ構造のものが多い（図 13.5）．側壁は，水深が浅い場合には擁壁式が，また深い場合には扶壁式やラーメン式が採用される．

水密性の保持，目地からの漏水の防止を図るために，良質なコンクリートを用い，止水板や伸縮目地を設置するのがよい．

プレストレストコンクリート造りや鋼製の配水池の形状は円筒形が多い．これは，力学的特性からくるもので，屋根はドーム型のものが一般的である．プレストレストコンクリート造りのものは，最近多く造られるようになってきている．なかには，数 10 m の高さのものもある．

鋼製配水池は，本体が鋼板であるから，水密性や強度の点で極めて有利であるが，腐食に対する対応が必要となる．内部は，貯留水に含まれる塩素によって，外部は大気などからの腐食を受けるので，防食塗装を定期的に行わなければならない．ステンレス製は，腐食対応の面で有利である．

一般に，FRP 製の配水池は，小容量のもので，形状は，円筒形または矩形が多い．光の透過による藻類の増殖や紫外線による外面の劣化があるので塗装などの対策が必要である．

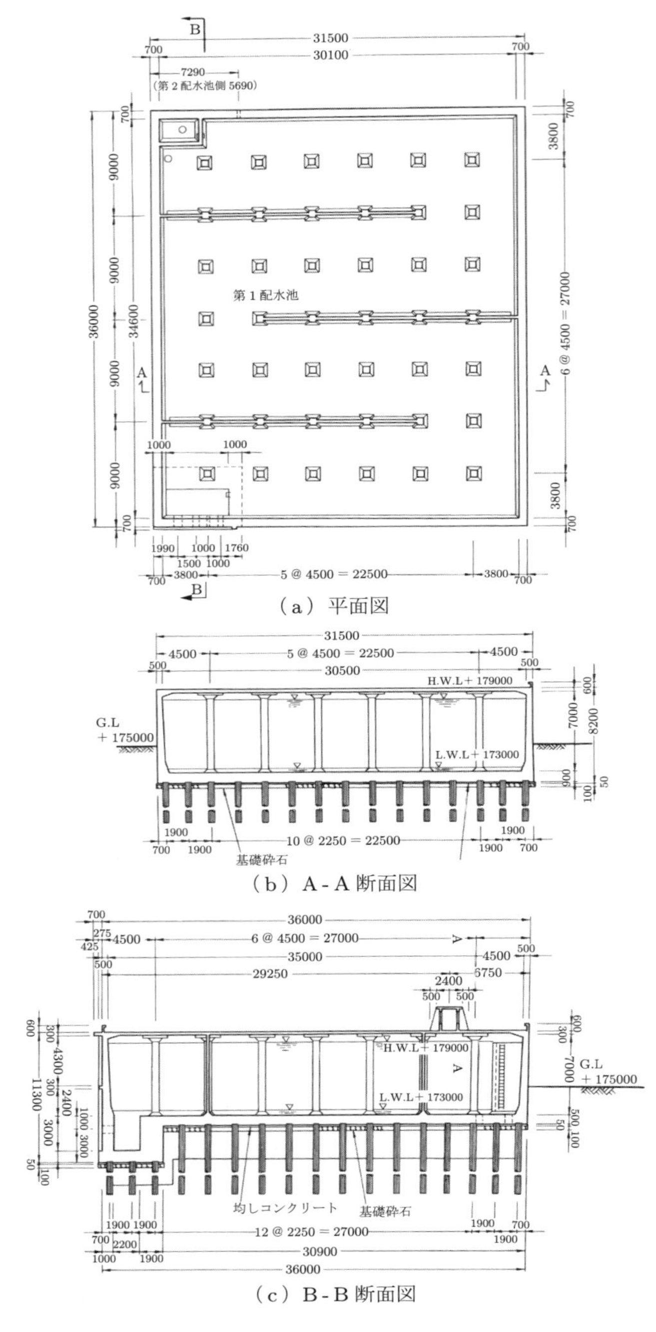

（a）平面図

（b）A-A 断面図

（c）B-B 断面図

図 13.5　配水池の例（鉄筋コンクリート造り）

13.2.4 流入管，流出管

流入管，流出管が配水池の壁を貫通する部分は漏水しやすいため，必ず制水弁を設けて，とくに水密性に注意しなければならない．

管の位置や数は，池内に滞留部が生じないように池の形と構造を考慮して決定する必要がある．また，部分的に池内で滞留が生じたり短絡流が発生したりしないように導流壁を設けるのが一般的である．

自然流下式で給水する場合には，配水系統での事故などによって，滞留水が流出するのを防ぐために，緊急遮断弁†をつけておくことが望ましい．

配水池まわりの配管として，配水池を経由せずに直接給水できるように，必要に応じて制水弁を備えた側管（バイパス管）を設けておく．

池内の異常な水位上昇対策として，ラッパ管や堰による越流設備を設ける．また，池内水の排除のための排水設備を底部に設けることも必要である．

その他，換気装置，人孔，検水口などの設備や，水位計，量水器の設置も必要である．

13.2.5 池　数

配水池の池数は，点検，清掃，修理などを考慮して，2池以上とする．1池しか設けられない場合には，内部を隔壁で仕切って2分する．

配水池の有効水深は，3〜6 m が標準である．

地下水位の高いところに築造する場合は，池が空になったときや池内水位が低下したときに，地下水の浮力によって配水池自体が浮き上がることがあるので注意しなければならない．そのため，池の上部に上置土を置いて荷重をかけたり，杭によって地盤と一体化させたり，地下水位を下げたりして浮上事故を防ぐ方策がとられている．

13.2.6 配水池の設置位置

配水池はできるかぎり配水区域内に設ける．送水管は一日最大給水量を，配水管は時間最大給水量を基準として設計するので，配水管のほうが口径が大きくなる．その配水管の延長を長くすることは不経済となるので，できるかぎり配水管の延長を短くするために配水池は給水区域の中央におくのがよい．

自然流下式の場合の配水池の高さは，時間最大を配水したときや火災発生時にも所定の動水圧が得られる高さでなければならない．

築造する場所は，ほかの施設と同様，地盤の強固なところで，とくに，周囲を切土したようなときには，周辺地盤の崩壊による被害を受けないようにしなければならな

---

† 自重で遮断する方式と，非常用電源を備えた油圧作動式のものがある．また，手動で作動させるものと，地震計と連動して作動するものがある．

い.

13.3 配水塔，高架タンク

配水塔や高架タンクの設置目的は，配水量の調整，配水ポンプの水圧調整，管路の保護，停電時の流向の急変による濁水の発生の防止などがある.

配水塔は，図13.6に示すように，塔そのもののなかに水を蓄えるものであり，高架タンクは，図13.7のように，タンクを架体で支持したものである．いずれも，給水区域内に配水池を設ける適当な高所が得られない場合に，水圧調整を主として，水量調整も同時に行うために設けるものである.

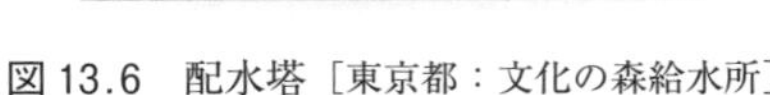

図13.6　配水塔［東京都：文化の森給水所］

図13.7　高架タンク［東京都：鑓水小山給水所］

小規模水道では，水源の水量が豊富で，需要水量の時間変動に対して十分であっても，ポンプの運転管理のうえから水圧調整のために設置することがある．配水塔や高架タンクは，地上高く設けるものであるから，構造は堅牢であることはもちろん，とくにタンク内が空のときの風圧，満水時の地震力，基礎の耐力，落雷，電波障害，美観などについて十分考慮しなければならない．このため，一般に配水池と比較した場合，単位容積あたりの建設費は高くなる．各種の外力に対して，構造的に安全なものとするため，鉄筋コンクリート造り，プレストレストコンクリート造り，鋼製とすべきである．形状は構造が簡単で，かつ水圧，風圧に対して安全なことから，円筒形が多く用いられている．高架タンクは，高さが8m以上になると，建築基準法上，工作物とみなされるが，配水塔も構造，形状によっては同様に取り扱われるので法にもとづいた手続きが必要である.

配水塔，高架タンクの容量は，設置目的によって異なるが，いくつかの目的を兼ねて設けられる場合には，計画一日最大給水量の1～3時間分程度が一般的で，配水調整のために不足する水量については，配水池を設けて補うようにしている．

配水塔の水深は，力学上の安定性，耐震性や耐水性の確保，施工性，経済性などの観点から20 m程度が限界とされてきたが，技術に進歩により，20 mを超える事例も多くなってきている．

13.4 震災対策用貯水施設

大地震時には，送配水管路の一部にある程度の被害発生は避けられない．また，停電などにともない，震災後しばらくの間は水道施設の機能が低下することも予想される．住民の生命維持のために，図13.8のような応急給水対策を確立しておくことが必要であり，給水拠点の一つとして震災対策用貯水施設を設置する例が多い．

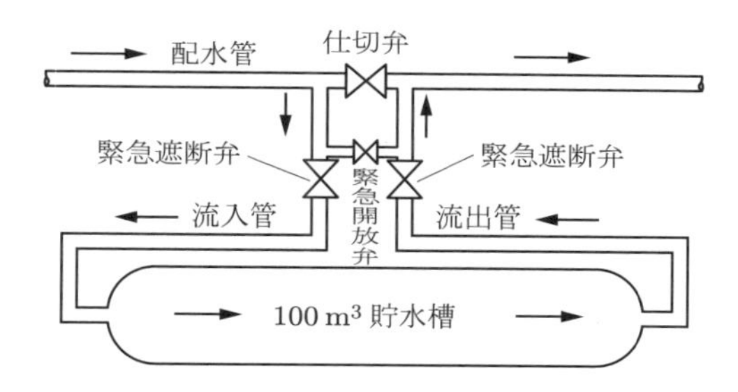

図13.8　震災対策用貯水施設の例

震災対策用貯水施設は，貯水槽，貯水槽まわりの配管および緊急遮断弁などから構成され，送配水管に直結して設置される．貯水槽が送配水管と直結されているため，通常時は，新鮮な水が循環されているが，震災時には緊急遮断弁が閉まり，貯水槽内の水を確保する仕組みとなっている．貯水施設の材質としては，鉄筋コンクリート，プレストレストコンクリート，鋼，鋳鉄などが用いられる．

●研究課題

13.1 最寄りの水道について，その配水方式，配水池・配水塔などの容量と水位について調べてみよう．

第 14 章

送配水管

送水管は，浄水場から配水池まで浄水を送る管をいい，平常時だけでなく，事故などの非常時においても需要者の生活に大きな影響を及ぼすことのない安定性をもつことが求められている．このため，上下流に位置する水道施設の標高や必要な送水量に適した送水方式，また地震や風水害などに対する安全性の確保などに十分に考慮する必要がある．

配水管は，配水池から区域の需要に応じて水を配るために布設する管であり，浄水を輸送，分配，供給する機能をもち，適正な水圧で安定的に供給を行わなければならない．また，非常時においても，水の供給をできるかぎり継続するように整備されていることが必要である．さらに，維持管理が容易で，かつ管内の水質保持が十分に図れるように考慮しなければならない．

14.1 送水管

送水管は，原則として，浄水場から配水池までの単一管路として配置されるが，給水区域と各施設の相対位置によっては，複数の配水池に送水することもある．いずれの場合にも，必要な水量を確実に送水できるものでなければならない．

送水管の途中から配水管を分岐して，直接給水区域内に給水することもあるが，この場合，分岐点までの送水施設は，計画送水量に加えて受けもつ計画給水区域の計画配水量を適切な動水圧で給水できるものでなければならない．また，水量管理上，送水管からの分岐点近くに流量計を設置して，日々の配水量と，その時間変化を把握する必要がある．

その他，管路および付属施設の詳細は配水管に準じる．

14.2 配水管

配水管は，配水池，配水塔，配水ポンプなどを起点として，その給水区域に配水するために布設する管で，幹線となる配水本管と，配水本管から分岐して直接給水管を取り付ける配水小管とからなる．配水管は，全給水区域を通じてなるべく水圧が均等になるように，また管内の水が滞留しないように網目状に配置することが望ましい．

一般に，配水管は水道施設建設費の大半を占めるとともに，配水管の事故は，ただちに断水などの重大な結果をもたらすので，その設計，施工にあたっては，将来の需要を考慮して，管径決定，路線設定，管種選定を慎重に行わなければならない．

また，制水弁，空気弁，消火栓，減圧弁，安全弁，流量計，水圧計，排水設備，人孔，伸縮管の付属設備を適切に配置するなど，維持管理が容易にできるように配慮しなければならない．

14.2.1 配水管の管種

配水管には，表 14.1 に示すように，ダクタイル鋳鉄管，鋼管，硬質ポリ塩化ビニル

表 14.1 送配水管に使用する管種の特徴

材質名	長所	短所
ダクタイル鋳鉄管	①管体強度が大きく，じん性に富み，衝撃に強い． ②耐久性がある． ③ K，T，U 形の継手は，継手部の伸び，屈曲により地盤変動に順応できる． ④ GX，NS，S，S II，US 形の継手は，離脱防止機能をもつため，より大きな地盤変動に対応できる． ⑤施工性がよい．	①重量が比較的重い． ②継手の種類によっては，異形管防護を必要とする． ③内外の防食面に損傷を受けると，腐食しやすい．
鋼管	①管体強度が大きく，じん性に富み，衝撃に強い． ②耐久性がある． ③溶接継手により一体化でき，地盤変動には管体強度および変形能力で対応できる． ④加工性がよい．	①溶接継手は，専門技術を必要とする． ②電食に対する配慮が必要である． ③内外の防食面に損傷を受けると，腐食しやすい．
硬質ポリ塩化ビニル管	①耐食性に優れている． ②重量が軽く，施工性がよい．	①管体強度が，金属管に比べて小さい．低温時に耐衝撃性が低下する． ②熱，紫外線に弱い． ③シンナー類などの有機溶剤により軟化する．
配水用ポリエチレン管	①耐食性に優れている． ②重量が軽く，施工性がよい． ③融着継手により一体化でき，管体に柔軟性がある．	①管体強度が，金属管に比べて小さい． ②熱，紫外線に弱い． ③有機溶剤による浸透に注意が必要である． ④融着継手では，雨天時や湧水地盤での施工が困難である．
ステンレス鋼管	①管体強度が大きく，じん性に富み，衝撃に強い． ②耐久性があり，耐食性に優れている． ③ライニング，塗装を必要としない．	①継手の溶接に時間がかかる． ②異種金属との絶縁処理を必要とする．

管などが使われており，最近では，耐震継手管の採用が多くなっている．また，配水用ポリエチレン管やステンレス鋼管を使用している例もみられる．なお，石綿セメント管を採用した時期があったが，強度の点から劣るため，最近では使われていない．

管種選定の際に考慮すべき事項は次のとおりである．

① 内圧に対して安全であること
② 外圧に対して安全であること
③ 管径に対して適当な管種であること
④ 埋設条件に適していること
⑤ 埋設環境に適合した施工性をもつこと
⑥ 水質に悪影響を及ぼさないこと

以下，とくに多く使われている管種について記述する．

（1）ダクタイル鋳鉄管

ダクタイル鋳鉄とは，鋳鉄に含まれる黒鉛を球状化させたもので，鋳鉄に比べ，強度やじん性が優れている．施工性が良好であるため，現在，水道管として広く用いられているが，重量が比較的重いなどの短所がある．

ダクタイル鋳鉄管の管厚は，1種管から4種管まであり，水圧，土被り，管の支承条件によって使い分けられている．

継手には，図14.1に示すように，メカニカルA形，メカニカルK形（メカニカルA形を改良した継手），タイトン形（挿込むだけで接合できる継手），メカニカルU形（内面から接合する内面継手），メカニカルUF形（U形ロックリングを入れて離脱を防止する内面離脱防止継手），S形（ロックリングを入れて離脱を防止するメカニカル継手），NS形（S形を改良し，挿込むだけで接合できるようにした継手），GX形（NS形と同等の耐震性をもち，施工性などが向上された継手）などがある．

（2）鋼　管

鋼管は，ほかの管種に比べて強度が強く，しかも延性，じん性に富み，また溶接加工によって自由な角度の曲管や分岐などの異形管が製作できるので，小口径から大口径にいたるまで幅広く使用されている．

一般に，鋼管の接合方法は溶接継手が用いられている．

鋼管は，重量が比較的軽いため，現場での取扱いが容易であるが，電気化学作用による腐食を受けやすい．とくに，電車軌条などによって地中に漏れた迷走電流が，鋼管に流入し，再び地中に流出する部分で激しく浸食を受けやすい（電食）．また，現場溶接には高度な技術を要することも注意しなければならない．

（3）ステンレス鋼管

ステンレス鋼管は，大気中や水中で非常に優れた耐食性をもつ管で，高価であるが，

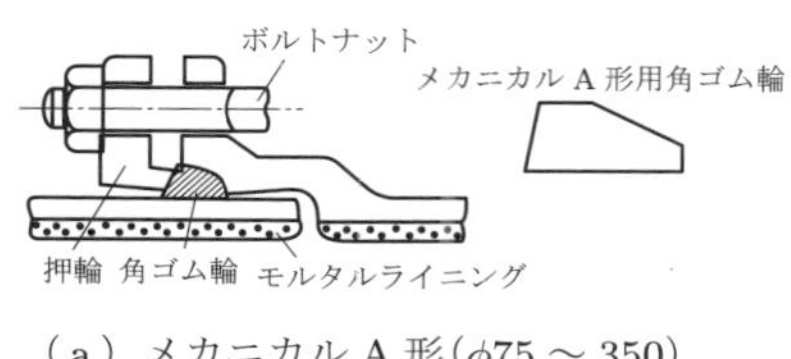

（a）メカニカル A 形（ϕ75 ～ 350）

押輪
ボルトナット
メカニカル K 形用一体ゴム輪
一体ゴム輪

（b）メカニカル K 形（ϕ400 ～ 2400）

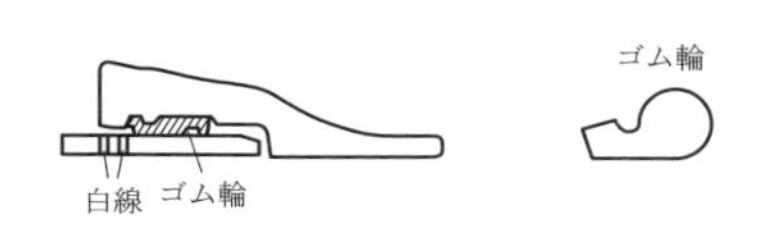

（c）タイトン形（ϕ75 ～ 150）

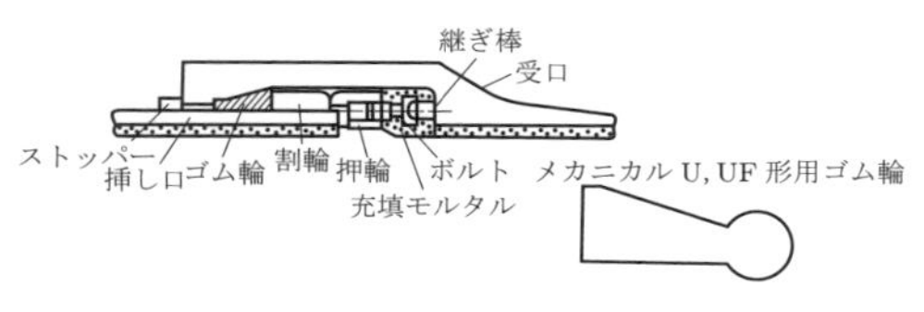

（d）メカニカル U 形（ϕ700 ～ 2600）

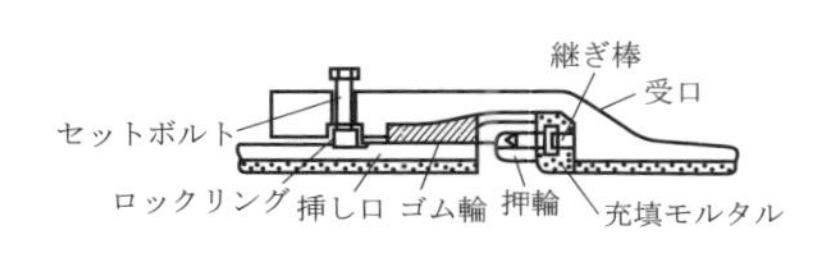

（e）メカニカル UF 形（ϕ700 ～ 2600）

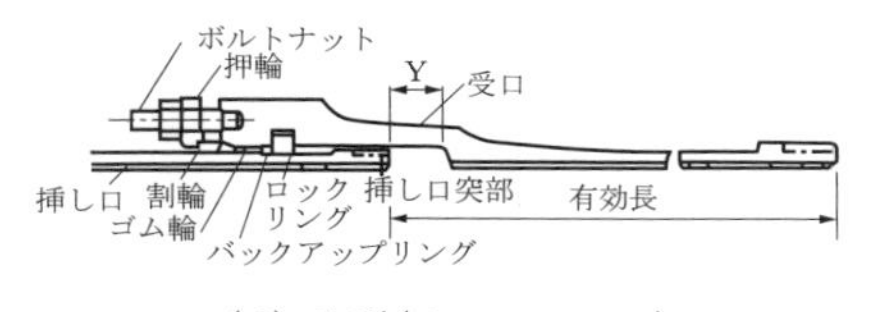

（f）S 形（ϕ500 ～ 2000）

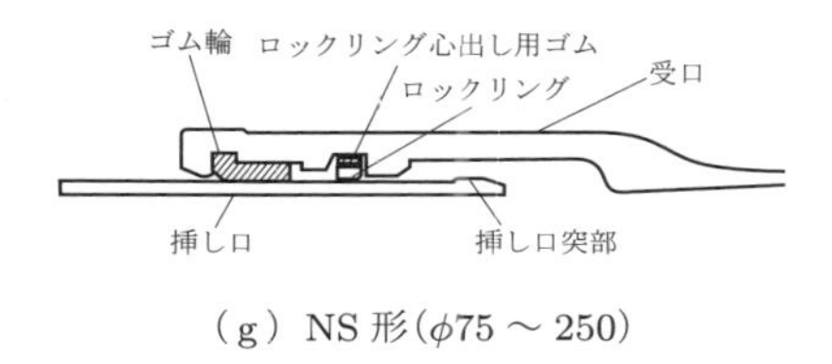

（g）NS 形（ϕ75 ～ 250）

（h）GX 形（ϕ75 ～ 250）

図 14.1　鋳鉄管継手

橋梁添架管や水管橋などの維持管理のために定期的に防食塗装を施す必要があるところで，維持管理の省力化が期待できる．ステンレス鋼は，組成により金属組織が変わり，物理的性質や機械的性質や耐久性が異なる．

（4）硬質ポリ塩化ビニル管

硬質ポリ塩化ビニル管は，耐酸，耐アルカリ性に富み，完全な電気の不良導体であるため，耐食性に優れており，管体重量も軽く，施工性がよい．一般に，高温下では強度が低下し，低温時では耐衝撃性が弱くなる特性をもっている．硬質ポリ塩化ビニル管の衝撃強度を高めるように改良されたのが耐衝撃性硬質ポリ塩化ビニル管である．耐衝撃性硬質ポリ塩化ビニル管も，長期間直射日光に当たると耐衝撃強度が劣化することや，シンナー類などの有機溶剤により軟化することがあるので注意を要する．

（5）配水用ポリエチレン管

配水用ポリエチレン管は，耐食性に優れており，重量が軽く施工性がよい．また，長尺物のため，少ない継手で施工できる．しかし，ほかの管種に比べて柔らかく，傷が付きやすいため，管の保管や加工に際しては取扱いに注意を要する．なお，有機溶剤，ガソリンなどに触れるおそれのあるところでの使用は避けなければならない．

（6）伸縮管

管路には，管周囲の温度変化によって伸縮が生じるので，伸縮管を設置する必要がある．メカニカル継手には必要ないが，鋼管の溶接継手や硬質ポリ塩化ビニル管の接着継手には不可欠である．伸縮継手としては，テレスコピック型，ドレッサー型，ビクトリック継手や可とう伸縮管などが用いられる．

14.2.2　水　圧

最大静水圧は，使用する管種の規格最大静水圧を越えないようにする．また，最小動水圧は，中層建築物への直結給水範囲の拡大も考慮して決定する必要がある．3，4，5階建てに対する標準的な最小動水圧は，それぞれ 0.196〜0.245 MPa，0.245〜0.294 MPa，0.294〜0.343 MPa である．

火災時には，使用中の消火栓で負圧にならなければよい．

最大動水圧は，0.490 MPa 程度とすることが望ましい．配水管の動水圧が高ければ高いほど高層建築物の上のほうまで直接給水できるが，施設費や管理費が大きくなって経済上不利になる．さらに，水圧を高くすると，その分，配水管や給水装置からの漏水が増え，不経済となる．

14.2.3　管　径

配水管の管径は，管路の動水圧が，平常時，火災時のいずれにおいても，それぞれ設計上の最小動水圧以上になるような大きさにする．また，給水区域内の水圧分布が均等になるように各管径を決めなければならない．

管径の計算にあたっては，配水池，配水塔，高架タンクの水位は，いずれも低水位をとる．

以上の事項を考慮して，配水管は，できるかぎり網目状の構成とし，相互連絡をもったネットワークシステムとする．

管水路の流量計算式には，ヘーゼン・ウィリアムズ公式，ガンギレー・クッター公式などが使われている．最も代表的なのが，ヘーゼン・ウィリアムズ公式で，次のような式である．

$$V = 0.84935 \cdot C \cdot R^{0.63} \cdot I^{0.54}$$

なお，この公式を使いやすいように書き換えると次のとおりである．

$$V = 0.35464 \cdot C \cdot D^{0.63} \cdot I^{0.54}$$
$$Q = 0.27853 \cdot C \cdot D^{2.63} \cdot I^{0.54}$$
$$D = 1.6258 \cdot C^{-0.38} \cdot Q^{0.38} \cdot I^{-0.205}$$
$$I = 10.666 \cdot C^{-1.85} \cdot D^{-4.87} \cdot Q^{1.85}$$
$$C = 3.5903 \cdot Q \cdot D^{-2,63} \cdot I^{-0.54}$$

ここに，V：平均流速［m/秒］，Q：流量［m^3/秒］，I：動水勾配（h/l），l：延長［m］，C：流速係数，h：摩擦損失水頭［m］，D：管内径［m］，R：径深［m］

一般に，埋設された管路の流速係数は，管内面の粗さと管路の屈曲の度合いによって異なる．代表的な管の流速係数を表 14.2 に示す．

表 14.2　ヘーゼン・ウィリアムズ公式の流速係数

代表的管種	流速係数	壁の状態など
新しい硬質ポリ塩化ビニル管	145～155	極めて平滑
なめらかなコンクリート管，極めて良好な鋳鉄管，使用した硬質ポリ塩化ビニル管，遠心力セメントライニング管の下限値	140	
新しい鋳鉄管	130	塗装しない状態
古い鋳鉄管	100	
極めて古い鋳鉄管	60～80	はなはだしいさびコブ発生

14.2.4　計画配水量，時間係数

（1）計画配水量

計画配水量[†]は，一時間あたりの水量で表され，それぞれの配水管の受けもつ計画配水区域の計画一日最大給水量時における時間最大配水量である．

計画時間最大配水量は，その配水区域内の計画給水人口が，その時間帯に最大量の水を使用するものと仮定し，計画一日最大給水量時における時間平均配水量に時間係数をかけて決定する．計画時間最大配水量 q［m^3/時間］は，次のとおりである．

$$q = K \times \frac{Q}{24}$$

ここに，Q：計画一日最大給水量［m^3/日］
　　　$Q/24$：時間平均配水量［m^3/時間］

† 配水量：配水池，配水ポンプなどから配水管に送り出された水量．

K：時間係数

計画時間最大配水量は，配水管の管径決定の基礎となる水量であり，これにより水理計算を行い，適正な管内動水圧が確保されていること，水圧分布ができるだけ均等になっていること，適正な管内流速となっていることに留意して配水管の管径を設定する．

（2）時間係数

計画時間最大配水量を算定する際の時間係数は，既往の実績または類似の地域の状況を参考として決定する．

実績によれば，時間係数は，図14.2のように給水区域内の昼夜間人口の変動，工場，事業所などの使用実態により変化し，図14.3のように一日最大給水量が大きいほど小さくなる傾向がある．

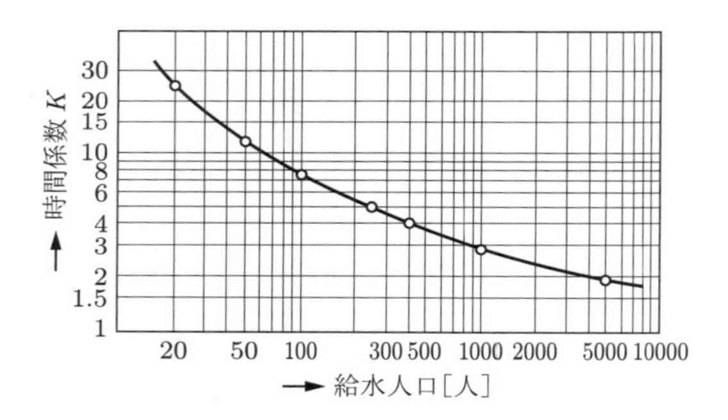

図14.2　給水人口と時間係数［全国簡易水道協議会：平成29年度改訂版 水道事業実務必携，p.476，全国簡易水道協議会，2017.］

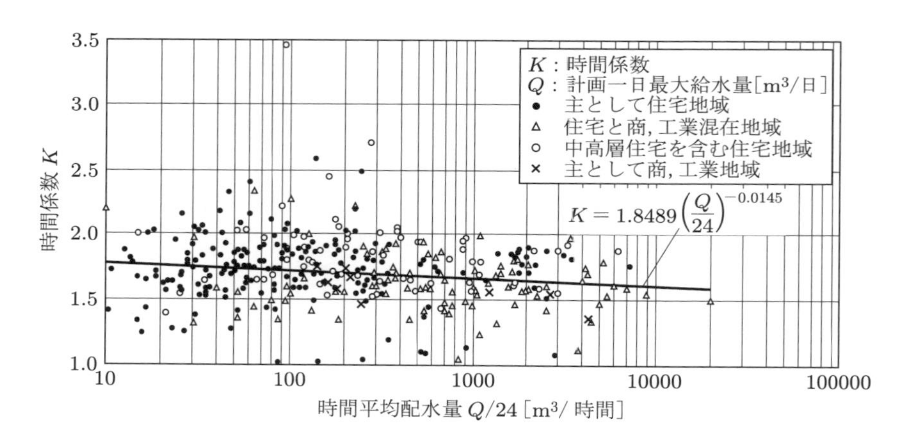

図14.3　時間平均配水量と時間係数（46都市，411配水区域）［日本水道協会：水道施設設計指針（2012年版），p.433，図-7.1.2（1）日本水道協会，2012.］

14.2.5　消火用水量

配水管の受けもつ給水区域内の計画給水人口が 10 万人以下のものについては，原則として，配水管管径の設計において，消火用水量を加算して検討する．また，火災時の消火用水量は，消火栓 1 栓あたりの放水能力と，同時に開放する消火栓の数から決定する．

さらに，消火用水量は，人口，気象条件，建ぺい率，建築物の構造などによって変化するので，市街地や準市街地，またはそれらに該当しない地域ごとに計算し，火災時に多量の水を使用するようなホテルなどの著しく多い地域では，特別に考慮して定める．

14.2.6　配管方式と管網計算

(1) 配管方式

配管方式には，次の二つの方式がある．

① 樹枝状配管：給水区域の真中に本管を通し，これから樹枝状に枝管を分岐し，さらに小管を通じて全給水区域に配水する方式である．樹枝状配管は，水理計算が簡単であるが，上流側に事故があるとそれ以下は断水したり，平常時でも行き止まり管では水質が悪化したりすることが多い．配水方式としては好ましい方式ではないが，給水区域が細長い場合には，樹枝状配管を用いざるを得ないことがある．

② 網目状配管（ネットワーク配管）：給水区域全般に配水本管を幹線として配置し，この間を枝管をもって連絡するもので，管路に行き止まりの部分はなく，すべての管路が連結されたネットワークを形成している．網目状配管は，水圧が平均化され，管内の水の停滞が少なく，事故の際もほかの管から水を補給することができるので，断水も局所的ですむ．ただし，水理計算はかなり複雑なものになる．

現実の管路構成は，この両者の組み合わせたものとする．

(2) 管網計算

管網計算は，計画年次における需要水量を配水するために必要な，配水管の路線と管径を求めるために行う．

計算の手法としては，管路の流量を仮定してこれを補正しながら反復計算によって求める流量法と，節点への圧力を仮定して管路流量を求める水位法に大別される．流量法の代表的なものがハーディ・クロス法である．ハーディ・クロス法は 1936 年に発表されてから，長い間実用的手法として広く使われてきた．平均流速公式としては，ヘーゼン・ウィリアムズ公式が用いられる．

平常時は次のように計算する．

① 配水管網の配置および管径を仮定する．
② 配水区域を街区割，地盤の標高，人口密度の分布状況などに応じて，適宜分割し，各管路の分担区域を想定する．
③ 各管路の分担すべき計画時間最大配水量を定める．計画時間最大配水量は路線の両端から1/2ずつ流出するものと仮定して計算の簡素化を図る．
④ 多量の水使用施設が予想されるときには，その給水量をあらかじめ見込んでおかなければならない．その際には，別に流出点を設けておくほうが合理的である．
⑤ 管網の流量計算によって各管路の流量および損失水頭を求め，これから各地点の有効動水圧を算出する．
⑥ 管網の網目の数は，少ないほど計算が簡単である．したがって，網目の数が多くなるときには，細い管を合成して太い管に置き換えてから計算するか，細い管は省いて幹線のみで管網を組んでから計算するとよい．

一般に，管網計算における損失水頭の計算では，摩擦損失水頭のみを考慮し，曲がり，急拡，急縮，出口，入口などの損失水頭は無視してよい．

火災時は次のように計算する．

① 計算の順序は平常時の場合と同じである．
② 各管路の分担する流量は，計画一日最大給水量に消火用水を加えた量とする．
③ 消火用水の放水地点は，給水上最も条件の悪い地点とする．それは，一般に配水池やポンプ所から遠いところ，あるいは標高の高い地点で，平常時の計算でも水圧が低いところが該当する．
④ 放水地点が1箇所では不十分と思われる場合には，さらにほかの地区で火災が発生したと仮定した計算を行っておくこと．

管網計算して求められる残水圧は，いずれも配水管の分岐部の圧力であり，それから先にさらに細い配水管や給水管が接続され，使用者に届けられることになる．分岐部以降の損失水頭も考えると，分岐部において所要の動水圧を確保しておかなければならない．

14.2.7　管路付属設備

管路には水の流れを制御するための弁類や管路内の空気の吸気排気のための弁類，消火のための消火栓，流量を計るための流量計などの付属設備を設ける必要がある．

弁類を分類すると，次のようになる．

① 構造分類：制水弁（仕切弁，バタフライ弁，コーン弁），安全弁，減圧弁，空気弁，逆止弁
② 用途分類：流水遮断，流量調節，異常水圧防止，圧力低減，逆流防止

③ 形式分類：縦形，横形，平置形
④ 材質分類：鋳鉄製，ダクタイル鋳鉄製，鋼製，鋳鋼製，砲金製
⑤ 継手分類：メカニカル形，フランジ形，筒形，ねじ形，つめ形
⑥ 開閉分類：手動式，電動式，空気作動式，油圧式，水圧式

（1）仕切弁

仕切弁は，本来流水を遮断する目的が主であるが，流量調節に使用することもある．その主要部分は，弁体，弁箱，ふた，開閉操作部からなっており，弁箱についている凹形の溝に弁体のシート面がくさび状に挿入されて，止水する構造となっている．仕切弁は，古くから多くの使用実績があり，弁の水密性に関しては信頼性が高い．しかし，底部の凹溝にゴミが堆積したり，シート面が摺動したりするという欠点がある．最近は，これらの点を改善するために開発されたソフトシール仕切弁が，中小口径管を中心に使われている．

（2）バタフライ弁

バタフライ弁は，本来流量調節を目的としたものであるが，水密性，止水機構の耐久性などに改良が加えられ，遮断用としても使用されるようになってきた．

その主要部は，円筒状の弁箱と中央が厚くなっている円板状の弁体，そして開閉装置部からなっており，弁体を回転させることにより弁体の弁座を弁箱の弁座に押し付けることにより止水するものである．

大口径の弁では，仕切弁に比して重量が軽いこと，弁の高さが低いこと，廉価であることなどの長所があり，近年多く使用されるようになってきた．

（3）コーン弁

コーン弁は，その前後の取り付け管の内径と同じ径の穴をもつ筒状の弁体を回転させることにより止水を行う弁である．

コーン弁は，全開のときに管の流積断面の変化がなく，弁による弁頭の損失は0に近い．また，構造的にもほかの弁に比べて，故障が少ないため，開閉頻度も多いところに使用するのに適し，流量調節用として多く用いられている．

（4）逆止弁

水が管路中を流れる場合，逆止弁の上下流の圧力差による逆流を防止し，一定方向だけに水を流すようにはたらく弁で，ポンプの吸い込み管，吐出管などに用いられる．

（5）空気弁

空気弁は，管内の空気の排除または管内への空気の取り入れを行うために設ける弁で，管路の凸部その他の適所に設置する．空気弁には，単位時間あたりの吸気量，排気量の大小に応じて，急速空気弁，双口空気弁，単口空気弁があり，管径，設置箇所，所要吸気量，所要排気量などによって使い分けている．また，最近では耐震性に配慮

したものが使用されている.

(6) 消火栓

消火栓には，以前は地下式と地上式があったが，寒冷地および積雪地を除き，水道用地下式消火栓に統一されている．ホースを接続する口数によって単口式と双口式とに分かれる.

(7) 分水栓

分水栓は，配水管から給水管を分岐，取り出すために設ける器具である.

(8) 流量計

配水区域内の水需要の変動に対応する必要水量を確保するためには，適切な水量管理が必要である．このため，配水管網内の主要箇所に流量計を設置する必要がある.

流量計としては電磁流量計，超音波流量計，ベンチュリ流量計（差圧式流量計）が一般的に使われている．流量計の機種選択については，設置場所，管理の容易さ，流量計の流量特性などを考慮して決める.

電磁流量計は，ファラデーの電磁誘導の法則を応用して流量に比例した出力を得る流量計で，管壁に小さな電極を取り付けただけで圧力損失がほとんどなく，流体の流れの状態や圧力，温度，粘度，密度などに影響されにくい.

超音波流量計は，超音波が流体中を伝播する速度が流体の流速に従って変化することを利用して，管路の流量に比例した出力を得る流量計で，流体の温度圧力，粘度の影響を受けない.

ベンチュリ流量計（差圧式流量計）は，流量の2乗に比例した差圧を発生させる絞り機構と，この差圧を電気信号に変換する機構などからなっている.

測定精度を維持するために，超音波流量計検出器やベンチュリ流量計絞り機構の前後には，管内径 D に対して，上流側 $10\,D$ 以上，下流側 $5\,D$ 以上の直管部が必要である.

14.2.8　管路の設計

管網計画にもとづいた管路を設計する場合には，まず，当該設計に関連する計画全体について十分な認識をもつとともに，路線，区間，管種，管径などの細部にわたって資料や情報を集め，その特殊性や問題点について詳細に検討しなければならない.

路線は，河川横断や軌道横断などのように，占用位置が限定される地点については，関係部署と打ち合わせのうえで決定する必要がある．図面上で検討した後，予定路線を実際に歩き，道路幅員，舗装種別，既設占用物件，交通量などの設計上問題となる点について現場踏査を行う．道路調整会議などを経て最終的に路線が確定した時点で路線測量を行う．また，路線測量と並行して土質の種類，状態，地下水の状況などを調べるための土質調査を行う場合もある.

工法の選定は，配水管の設計において重要な問題である．開削工法は管を布設する最も一般的な工法である．しかし，河川や軌道の横断，市街地などで既設埋設物が輻輳していたり，交通規制や掘削規制で開削工法がとれないような場合には，その延長，口径，土質などの規模や条件に応じて推進工法やシールド工法を採用する.

（1）管路の基礎

一般に，管路を施工する場合，普通の土質や埋設深度では，とくに基礎工を施す必要はない．しかし，とくに堅い地盤では，埋め戻しなどの不完全な場合，管に及ぼす影響も大きいので，管の下側や周囲に良質の土砂や荒目砂などを充填し，水締めや突き固めを十分に行う必要がある．また，軟弱地盤の場合には，管の布設時点での不同沈下を避けるため，管底下の地盤を砂で置き換えるほか，布設時の管の重量を分散されるために，枕木基礎を施す.

配水池やポンプ所の出口，橋台の取り付け部，制水弁室の両側などの十分な基礎のある構造物と接続する軟弱地盤では，不同沈下が起こりやすいので，構造物と地盤との間に中間的な基礎工を施し，急激な支持力の変化を緩和させるか，可とう継手を設ける必要がある.

（2）異形管防護

曲管やT字管などの異形管は，管内の水圧による不平均力を受ける．たとえば，水圧により曲管の曲がり部にはたらく不平均力 P［N］は次式で求められる.

$$P = 2pA\sin\frac{\theta}{2}$$

ここに，p：管内水圧［Pa］，A：管の断面積［m^2］，θ：曲がり角度

この式からもわかるとおり，水圧，管径，曲がり角度が大きくなると不平均力も大きくなる．この不平均力によって，異形管が外側に移動したり，継手が離脱したりするおそれがある．この力に対して異形管防護工を施し，継手離脱事故を防いだり，継手からの漏水を防止したりすることは極めて大切なことである.

異形管の防護方法は，図 14.4 に示すようにコンクリートで異形管部を巻くコンクリート防護と，離脱防止継手などによる方法とがある．コンクリート防護は，防護工の底面による摩擦抵抗の増加と，受動土圧面積を大きくとることによって，抵抗を大きくし，管のずれや離脱を防ぐ．また，コンクリートの強度に期待して前後の管との一体化を図ることで，異形管部の不平均力に抵抗させる目的もある.

離脱防止継手を備えたダクタイル鋳鉄管や，継手部に離脱防止金具を施した小口径のダクタイル鋳鉄管の異形管防護は，これらの継手により管体の一体化が図られてい

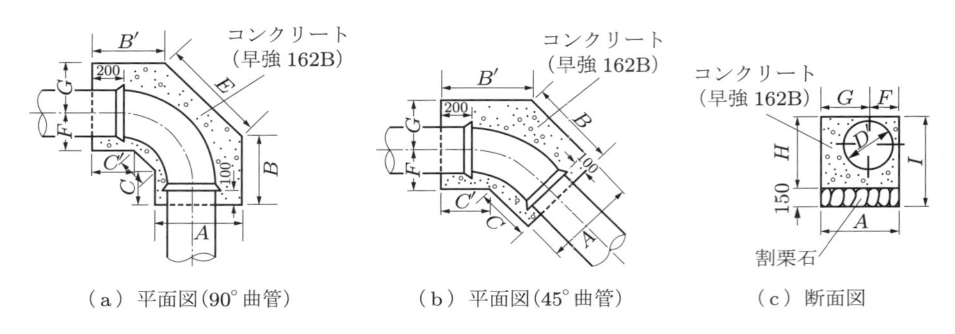

（a）平面図(90°曲管)　（b）平面図(45°曲管)　（c）断面図

図 14.4　コンクリート防護の例

るため，コンクリートブロックを軽減できる．離脱防止金具による方法は，作業性がよく，設置スペースも小さいことから即時復旧ができたり，耐震性の面からも優れた点があったりするが，ボルトの腐食が問題となるのでポリエチレン被覆によって防食をすることが必要となる．

（3）非開削工法

近年，市街地部において，開削工法による管布設が困難になってきている．

非開削工法には，推進工法とシールド工法がある．推進工法は，掘削断面の規模が小さく，延長も 50～100 m 程度までのものが一般的である．一方，シールド工法は，断面積が大きく，推進延長が 500～1000 m の規模の大きな工事に採用される．

●研究課題

14.1 平均流速を求める公式には，さまざまなものが発表されている．各公式の特徴についてまとめてみよう．

14.2 管網計算の手法は，コンピュータの発達によって急速な進歩をしてきている．各種計算法の特徴についてまとめてみよう．

第 15 章

給水装置

給水装置とは，需要者に水を供給するために，水道事業者の布設した配水管から分岐して設けられた給水管およびこれに直結する給水用具をいう．直結した給水用具とは，給水管に容易に取り外しのできない構造として接続したもので，有圧のまま給水できる給水栓などの用具であり，ホースなどの容易に取り外し可能な状態で接続される用具は含まれない．このことからもわかるとおり，給水装置の条件として重要な概念は，配水管に直結していることが大事で，受水槽のようなものでいったん受けて，圧力を解放してから後に布設されている給水管などは給水装置ではない．

15.1 給水装置の構造および材質

給水装置の構造および材質は，給水装置に用いようとする給水用具が水道法に定める一定の基準に適合していなければならない．たとえば，水圧，外圧に対して，安全で耐久性に富んでいること，水に接触する用具の材料が水質に影響を及ぼさないこと，凍結しても破壊しないような性能をもっていることなどが必要である．

しかし，この性能を満足するだけでは給水装置としては不十分であり，装置全体として構造，材質が適正でなければならない．つまり，給水装置は，個々の給水用具についての性能とともに，システム全体として十分に供給できる適正口径であることや逆流防止，凍結防止，防食などの機能を備えていることが必要である．

15.2 給水方式

給水方式は，大別すると直結式給水とタンク式給水に分けられる．

直結式給水とは，給水装置の末端である給水栓まで，配水管の直圧を利用して給水する方式である．以前は，配水管の最小動水圧は，0.147～0.196 MPa を標準とし，2 階建程度の建物への給水を行い，2 階建以上や多量使用者にはタンク式給水をしていたが，近年，タンク管理が不十分なために水質が悪化するなどの衛生上の問題があり，また，省エネルギーの観点からも直結給水が望ましいことから，各水道事業において，直結直圧式の対象範囲が 3 階以上に拡大されたり，増圧給水設備が採用されたりしてきている．直結式給水には，直結直圧式と直結増圧式がある．直結直圧式は，図 15.1 のように，配水管内の圧力で直接上層階まで給水する方式である．直結増圧式は，図 15.2 のように，給水管の途中に増圧給水設備を設置し，圧力を増して直結給水する方法である．

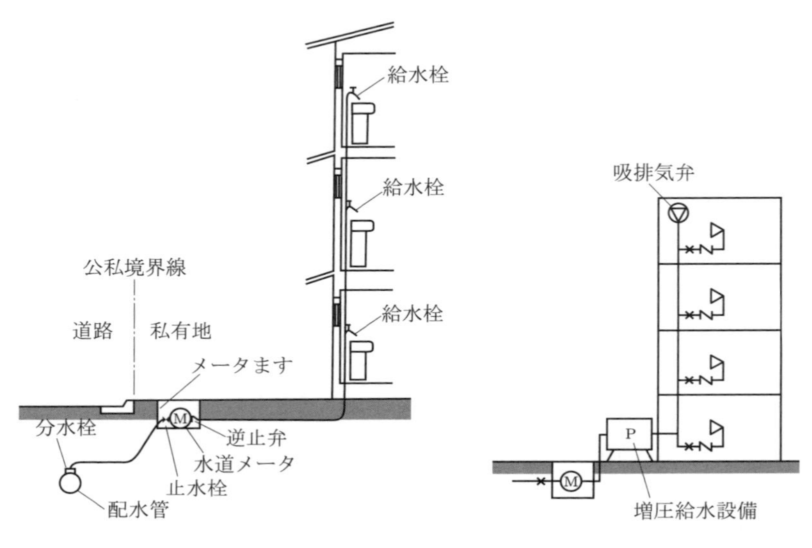

図 15.1　直結直圧式の例　　図 15.2　直結増圧式の例

タンク式給水とは，水をいったん受水槽に溜めてから給水する方式である．タンク式給水は，次のような効果がある．

① 配水管の水圧が変動しても，給水圧，給水量を一定に保持できること
② 一時に多量の水使用が可能であること
③ 断水時や災害時にも給水が確保できること
④ 建物内の水使用の変動を吸収し，配水施設への負荷を軽減できること

タンク式給水としなければならないのは，次のような場合である．

① 使用者が必要とする水量や中高層階への給水のように，配水管の水圧が所要圧力に対して不足する場合
② 一時に多量の水を必要とする場合
③ 配水管の水圧の変動にかかわらず常時一定の水量を必要とする場合
④ 配水管の断水時にも，必要最小限の給水を確保する必要がある場合
⑤ 有毒薬品を使用する工場など，逆流によって配水管の水を汚染するおそれのある場合

タンク式給水には，受水槽から高所に設けたタンクにポンプで揚水し，これからさらに自然流下によって給水する図 15.3 の高置水槽式と，小規模中層建物に多く使用される方式で，受水槽に受水したのち，ポンプで圧力水槽に貯え，その内部圧力によって給水する図 15.4 の圧力水槽式がある．また，圧力水槽式と同様に，受水槽に受水したのち，使用水量に応じてポンプの運転台数の変更や回転速度制御によって，給水する図 15.5 のポンプ直送式がある．超高層建物では，給水系統を 1 系統にすると下層階で給水圧力が過大となることやポンプの揚程高さの関係から，建物内に中間水槽を設け，給水区分を 2 系統以上に分けるゾーニングにより給水される．世界一高い電波塔である東京スカイツリーにおいても，図 15.6 にように複数の中間水槽を設置し，高層部の第一展望台，第二展望台へ給水している．

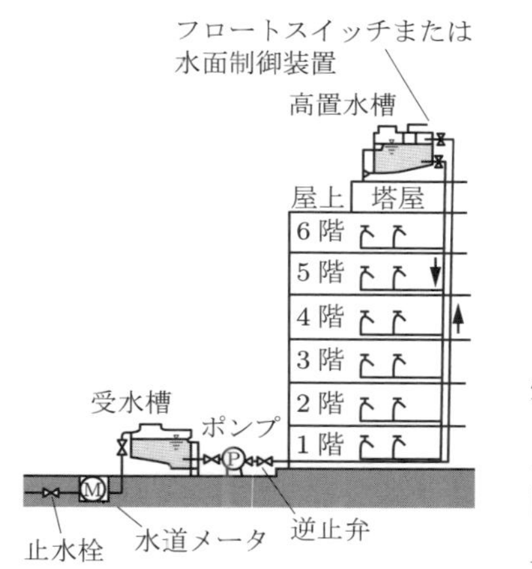

図 15.3　高置水槽式

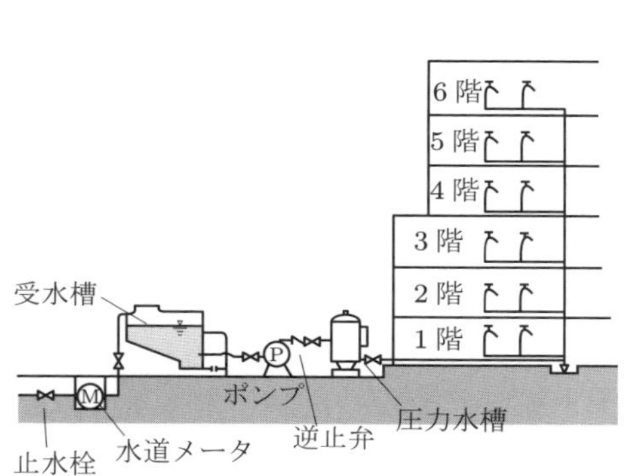

図 15.4　圧力水槽式

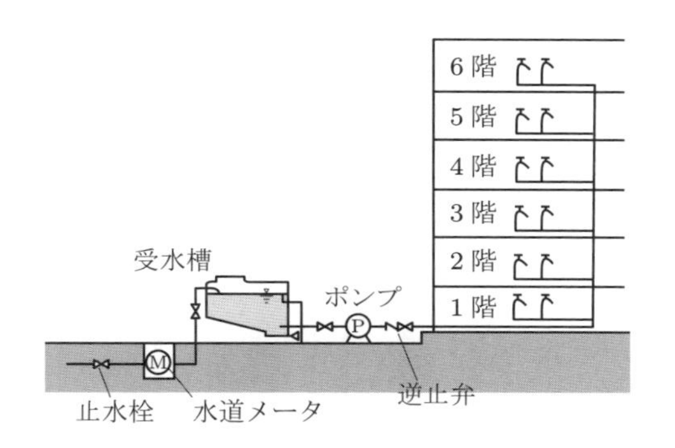

図 15.5　ポンプ直送式

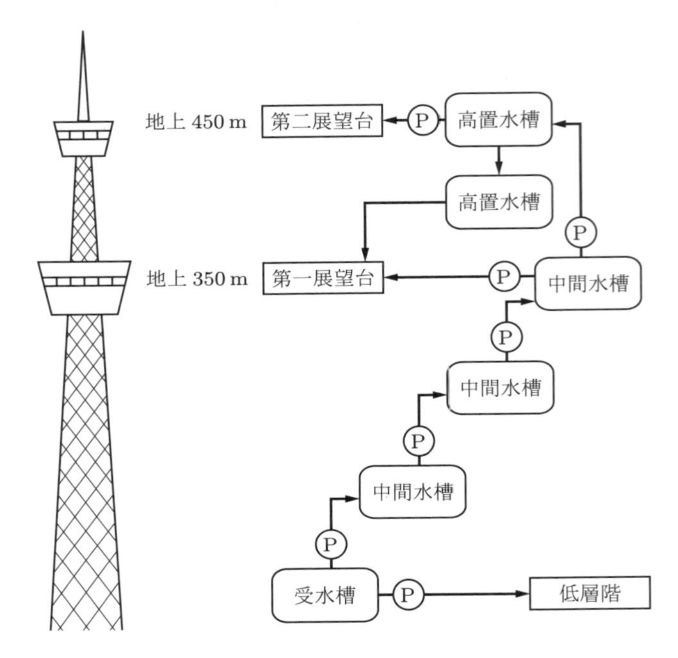

図 15.6　中高層式（東京スカイツリー）の給水方式

15.3　給水装置の設計

給水装置の構造については，水道法第 16 条にもとづき，水道法施行令第 5 条が定められており，この施行令は，給水装置が有すべき必要最小限の基準を規定している．このため，給水装置の設計や工事にあたっては，これらを遵守し，適正に行う必要がある．

15.3.1　設計水量

給水装置の設計水量は，器具の種類別吐水量とその同時使用率を考慮した水量，または建物種類別使用水量などを考慮して定める．

(1) 器具の種類別吐水量

各種の給水用具には，その種類と設置場所に応じてそれぞれ適当な使用水量の範囲とそれに対応した口径がある．その標準的な値を示したのが表 15.1 である．また，給水用具の種類にかかわらず口径によって吐水量を一律の水量として扱う方法もある（表 15.2）．

(2) 同時使用率を考慮した水量

同時使用率を考慮した水量は，直結式給水における一戸建や集合住宅などの設計水量を決定する際に用いる．給水用具の種類と口径が決まれば，1 栓あたりの使用水量

表 15.1　種類別吐水量とこれに対する給水用具の口径

用　途	使用水量 [L/分]	対応する給水栓の口径 [mm]	備　考
台所流し	12〜40	13〜20	
洗濯流し	12〜40	13〜20	
洗面器	8〜15	13	
浴槽（和式）	20〜40	13〜20	
浴槽（洋式）	30〜60	20〜25	
シャワー	8〜15	13	
小便器（洗浄水槽）	12〜20	13	
小便器（洗浄弁）	15〜30	13	1 回（4〜6 秒）の吐出し量 2〜3 L
大便器（洗浄水槽）	12〜20	13	
大便器（洗浄弁）	70〜130	25	1 回（8〜12 秒）の吐し出量 13.5〜16.5 L
手洗器	5〜10	13	
消火栓（小型）	130〜260	40〜50	
散水	15〜40	13〜20	
洗車	35〜65	20〜25	業務用

表 15.2　給水用具の標準使用水量

給水用具の口径 [mm]	13	20	25
標準使用水量 [L/分]	17	40	65

表 15.3　同時使用率を考慮した給水用具数

給水用具数 [個]	同時使用率を考慮した給水用具数 [個]
1	1
2〜4	2
5〜10	3
11〜15	4
16〜20	5
21〜30	6

に，給水用具の数をかけたものの和が設計水量になるが，複数の給水用具をもつ給水装置では，常に全部の給水用具が同時に使用されるわけではないので，給水用具が同時に使用される割合を考慮した使用状態を設定して水量を求めるのが合理的である．表 15.3 に給水用具の数に応じた同時使用率を考慮した給水用具数を示す．ただし，学校や駅の洗面所のように，同時使用率の極めて高い給水用具を含む給水装置の場合には，手洗器，小便器，大便器などの用途ごとに合算する．

直結増圧式給水における設計水量は，前述の方法のほかに，器具の種類別吐水量とその同時使用率を考慮した方法などがある．

(3) 建物種類別使用水量

建物種類別使用水量は，おもに受水槽の容量を決定する際に用いる．建物種類別の設計一日使用水量は，その施設の規模と内容などに応じた一人一日あたりの使用水量と使用人員の積，あるいは建築物の単位床面積あたりの使用水量と述べ床面積の積から求めるのが一般的である．

例題 15.1　配水管の水圧が 0.196 MPa で，図 15.7 の口径 20 mm の給水装置において，点 B からの流量を表 15.4，図 15.8 を参考にして求めよ．ただし，分岐，仕切弁，曲がりの損失は考慮しないものとする．

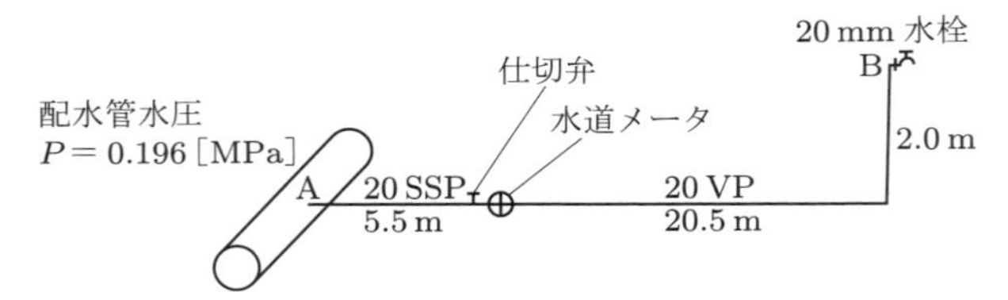

図 15.7　直結直圧給水装置

表 15.4　損失水頭の直管換算表

品名＼口径	直管換算長 [m] 13	20	25
仕切弁	1	1	2
水道メータ	3	8	12
給水栓	3	8	8

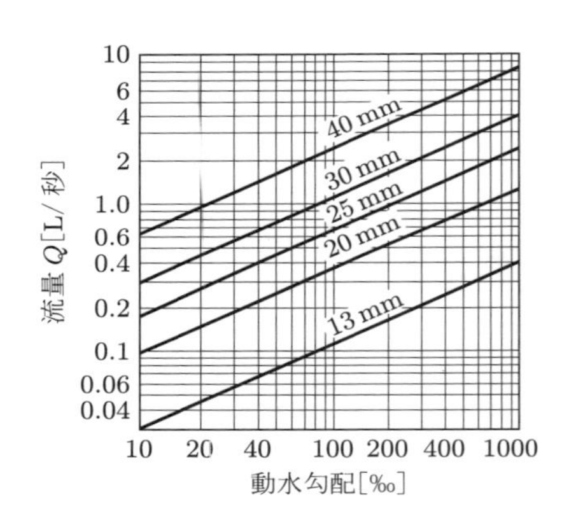

図 15.8　ウェストン公式による給水管の流量図

解　点 B における流量は，図 15.8 を参考に求めるため，動水勾配を

$$\text{動水勾配 [‰]} = \frac{\text{管路の有効水頭 [m]}}{\text{管路延長 [m]}} \times 1000 \tag{15.1}$$

から算出する．

式 (15.1) の給水管の管路延長を算出するにあたり，分岐，仕切弁，曲がりの損失は無視し，水道メータおよび給水栓による損失水頭を表 15.4 を用いて管路延長に換算する．

計算上の給水管の管路延長は，

$$(5.5 + 20.5 + 2.0) + (8.0 + 8.0) = 44.0$$

となる．

また，配水管の水圧 0.196 MPa は 0.196/0.098 = 2.0 kgf/cm^2 であり，有効水頭で表現すると 20 m となる．したがって，動水勾配は式（15.1）より，

$$\frac{20.0}{44.0} \times 1000 = 454.5‰$$

となり，この管路の流量は図 15.8 より，0.8 L/秒となる．

（4）受水槽への給水量

受水槽への給水量は，受水槽の容量と使用水量の時間的変化を考慮して定める．一般に，受水槽への単位時間あたりの給水量は，一日あたりの設計使用水量を使用時間で割った水量とし，受水槽の容量は，設計一日使用水量の 40～60％程度が標準である．

15.3.2 給水管

給水装置において，主要部分を構成するものは給水管である．したがって，給水管は十分な強度をもち，耐食性に優れ，かつ水質に悪影響を与えないものでなければならない．

給水管として用いられている管種には，ダクタイル鋳鉄管，鋼管，ステンレス鋼管，銅管，硬質ポリ塩化ビニル管，ポリエチレン管など，多種多様である．

その選定にあたっては，耐圧性能および浸出性能などの基準に適合しているものを使用する．配水管に準じる管種については 14.2.1 項を参照してほしい．

なお，以前は鉛管が最も多く使用されていたが，水質基準の改正により鉛の基準が強化されたため，使用が禁止された．また，ビル内配管などに亜鉛メッキ鋼管が使用された時期もあったが，腐食により赤水などの発生が著しいため，現在では使用されていない．

① ステンレス鋼管：ステンレス鋼管は，さびにくく，衛生上も良好なため給水管として早くから注目されてきたが，さまざまな事情により普及が遅れていた．しかし，生産技術の向上と継手の開発により，1972 年頃から，屋内配管を中心に給水，給湯用として，各地の事業体で採用されるようになってきた．水道用ステンレス鋼管として使われる管には，SUS304 と SUS316 の 2 種がある．屋内配管の場合，一般に SUS304 が用いられるが，海岸地方や地中埋設管のなかで，とくに耐食性が要求される場所には，安全性を考慮して，SUS316 がおもに用いられる．最近，工事現場での曲げ加工が容易な波状ステンレス鋼管が使用されるようになった．波状ステンレス鋼管は，変位吸収性などの耐震性に富み，また波状部において任意の角度を形成でき，漏水の原因となる継手が少なくてすむなど，将来の維持管

理の面でも有利である．ステンレス鋼管は，ほかの管種に比べて強度的に優れており，軽量化しているので取扱いが容易であるが，管の保管，加工に際しては，かき傷やすり傷を付けないように注意する必要がある．

② 硬質塩化ビニルライニング鋼管：硬質塩化ビニルライニング鋼管は，引張強さが大きく，外傷にも強い．管内にスケールの発生はないが，ビニルライニングの部分だけ実内径が小さくなる．

③ 耐熱性硬質塩化ビニルライニング鋼管：耐熱性硬質塩化ビニルライニング鋼管は，鋼管の内面に耐熱性硬質塩化ビニル管をライニングした管である．この管は，耐食性および耐熱性（85℃まで）に優れたものであるため，とくに給湯，冷温水などの高温，低温用途では給水以上の厳しい腐食環境で用いられる．

④ 硬質ポリ塩化ビニル管：硬質ポリ塩化ビニル管は，引張強さが比較的大きく，耐食性とくに耐電食性に優れている．また，比重が小さく，内面が平滑で管内にスケールの付着もない．難燃性であるが熱や衝撃に弱く凍結の際に破損しやすい．とくに，管表面に傷が付くと破損しやすくなるので，外傷を受けないように取扱いには十分な注意を要する．ガソリンやペイントなどの溶剤に侵されやすいので，そのようなおそれのある箇所では使用してはならない．耐衝撃性硬質ポリ塩化ビニル管は，硬質ポリ塩化ビニル管の衝撃強度を高めたものであり，耐熱性硬質ポリ塩化ビニル管は，硬質ポリ塩化ビニル管を耐熱用に改良したものである．

⑤ 銅管：銅管の直管には，軟質管と硬質管がある．銅管は，引張強さが大きく，アルカリに侵されず，スケールの発生もないが，肉厚が薄いためつぶれやすい．運搬や取扱いには注意が必要である．また，水中に遊離炭酸が多く含まれている場合には，銅が溶解することがあるので適さない．

⑥ ポリエチレン管：ポリエチレン管は，硬質ポリ塩化ビニル管に比べて，たわみ性に富み，軽量で耐寒性，耐衝撃強さが大きいが，引張強さは小さく，可燃性で高温に弱い．ガソリンやシンナーなどに接触するおそれのあるところでは使用してはならない．

15.3.3　管の取り出しと配管

配水管から分岐して，各戸へ引き込む給水管を取り出す場合には，配水管などの管種と口径，給水管の口径に応じたサドル付分水栓，分水栓，割T字管などを使用する．また，配水管を切断し，T字管などを使用する場合もある．

50 mm 以下の場合には，サドル付分水栓を使用するのが一般的である．

給水管を分水栓によって取り出すときの分水栓相互間の取り付け間隔は，施工上の理由と配水管の強度および使用者間の水利用への影響などを防止するため，30 cm 以上離す必要がある．

15.4 水道メータ

15.4.1 種 類

メータは，測定原理から推測式と実測式に大別され，水道メータとしてはおもに推測式が使用されている．推測式の分類は図 15.9 のとおりである．

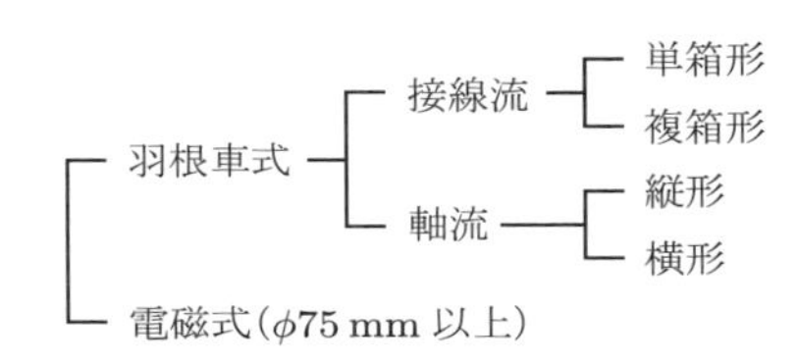

図 15.9 推測式メータの分類

推測式メータは，通水部の羽根車の回転により水量を測定，計量するもので，羽根車の回転数と水の通過する量が比例するようになっている．種類としては，接線流羽根車式と軸流羽根車式がある．このほかに電磁誘導作用により通過体積を測定する電磁式がある．電磁式メータは，機械的可動部がないため耐久性に優れ，微小流から大流量まで広範囲な計測に適している．

実測式メータは，ますで水の体積を測るもので，回転数と流量が比例するようになっている．計量精度が優れ，信頼性も高く，テストメータとして使用されているが，故障しやすくまた推測式と比べて高価である．

湿式メータと乾式メータという分類もあり，湿式メータは指示機構に水が入る構造のものである．このほかに，図 15.10 のように直読式（ディジタル）と円読式（アナログ）の分類もある．

15.4.2 性 能

水道メータの性能は，形式，口径によって異なるが，小流量から大流量まで広範囲にわたって正確に計量できるものでなければならない．

計量法では，検定に合格する公差（メータの指示量と実流量の差）の範囲が定められている．

(a) 直読式

(b) 円読式

図15.10　水道メータ

15.5　給水用具

給水用具は，給水管に接続して設置されるもので，分水栓，止水栓，給水栓，特殊器具，ユニット化装置に分類される．

いずれの用具も，衛生上無害で，一定の水圧に耐え，容易に破損したり腐食したりしないなどの用件を備えていなければならない．

15.5.1　分水栓

分水栓は，配水管から給水管を分岐し，取り出すための給水用具であり，水道用分水栓，サドル付分水栓などがある．

サドル付分水栓は，配水管に取り付けるサドル機構と止水機構を一体化した構造の分水栓で，通常の分水栓に比べ，穿孔作業が容易なため広く使用されている．おもに25 mm 以下の給水管分岐用として用いられる．

割T字管は，鋳鉄製の割T字形の分岐帯に仕水弁を組込み，一体として配水管にボルトで取り付ける構造のもので，50 mm 以上の給水管分岐用として用いられる．

15.5.2　止水栓

止水栓は，給水の開始，中止や給水装置の修理などのために給水を制限したり停止したりするために使用する給水用具である．

水道用止水栓には，甲形止水栓，ボール式止水栓，仕切弁などがある．甲形止水栓は，おもに引込み給水管に設置して装置の全部の通水を停止するために使用するが，特殊器具などの手前に取り付けて，装置の一部停止用とともに逆流防止機能を合わせてもたせるものもある．

ボール式止水栓は，弁体が 90° 回転で，全開，全閉する構造であり，漏水が生じにくく，また，逆流防止機能はないが，損失水頭は極めて小さい．伸縮型と固定型の 2 種類がある．

仕切弁は，弁体が垂直に上下し，全開，全閉できる構造のもので，全開時の損失水頭は極めて小さい．おもに水道メータに接続して取り付け，装置全部の通水を制限または停止するための仕切弁を使用している．これは，ハンドル付きのため開閉操作が容易であって，給水栓のコマパッキンの取り替えや給水管の事故などの場合に，使用者が応急的に止水するのに便利である．

15.5.3　給水栓

給水栓は，給水管の末端に取り付けるもので，その使用目的によって，多種多様なものがある．

とくに，図 15.11 に示す水栓は使用者に直接水を供給するための給水用具で，弁の

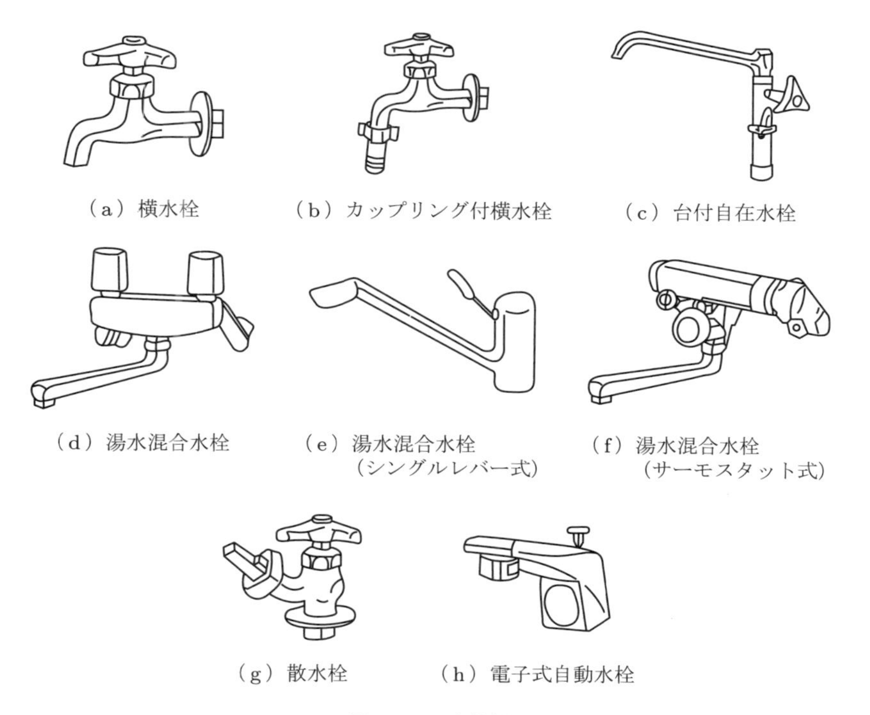

（a）横水栓　（b）カップリング付横水栓　（c）台付自在水栓

（d）湯水混合水栓　（e）湯水混合水栓（シングルレバー式）　（f）湯水混合水栓（サーモスタット式）

（g）散水栓　（h）電子式自動水栓

図 15.11　水栓類

開閉はハンドルを回して行うものや，弁の開閉を上下して行うシングルレバー式，自動的に開閉を行う電子式自動水栓などがある．

給水栓には，使用目的に応じた水飲み水栓，フラッシュバルブ，ボールタップなどの多くの種類があるが，いずれも構造，材質基準に適合したものを使用しなければならない．

●演習問題

15.1 図15.12に示す給水装置のAB間，BC間，BD間の経済的な口径を表15.4，図15.8を参考にして求めよ．ただし，配管延長の単位はm，同時使用率は100%とし，分岐および曲がりの損失は考慮しないものとする．

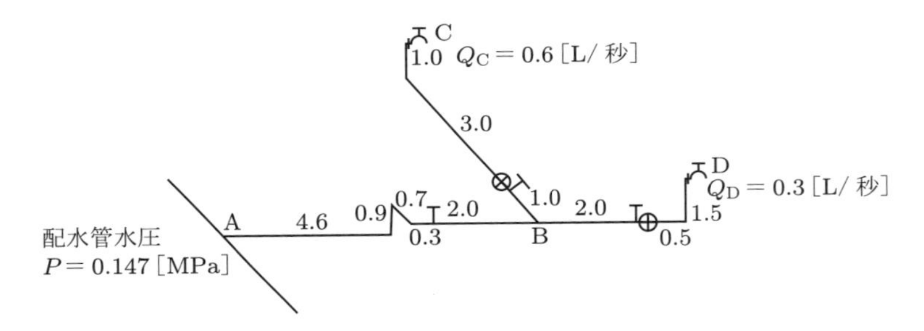

図15.12　直結直圧給水装置（分岐あり）

第 16 章 機械，電気設備

水道施設では，取水，導水から浄水・排水処理，送配水にわたり，水の輸送，かくはん，薬品注入，洗浄，脱水などに，さまざまな機械設備が使用されている．近年では，膜ろ過設備，オゾン設備などの最先端の技術を駆使した機器も導入されている．本章では，最も基本的なポンプ，バルブ，電動機，およびこれらの機器を動かすための電気設備について解説する．

16.1 ポンプ

16.1.1 ポンプの形式と特徴

水道施設において，ポンプ設備は導送配水をはじめ，薬品注入設備，水質用サンプリング設備などの各種設備のなかで各種形式のポンプが使われ，重要な役割を担っている．とくに，取水，導水，送水，配水に使われるポンプは水道における機械設備の最も主要なものである．

ポンプの種類を作用原理にもとづいて分類すると，図 16.1 のようになる．一般に，水道の主ポンプにはターボ形ポンプが使われる．

おもに，水道に使用されているポンプ形式と特徴は次のとおりである．

① うず巻ポンプ（ボリュートポンプ）：水道用主ポンプとして，最も多く使われている．うず巻ポンプは，羽根車の遠心力で流体に速度と圧力エネルギーを与え，さらにうず巻形のケーシングで速度エネルギーの一部を圧力エネルギーに変換して揚水作用を得る．揚程は中程度から比較的高い揚程まで得られる．また，水量変化に対しても，効率の変化が少ないので，水量変化の多いところでの使用にも適する．

② ディフューザポンプ（タービンポンプ）：うず巻ポンプのケーシング部に固定した案内羽根（ディフューザ）によって速度エネルギーの一部を効果的に圧力エネルギーに変換し，高揚程を得るポンプである．ディフューザポンプはもともと高揚程を目的としたもので，羽根車を軸方向に重ねて，さらに高い揚程を得る多段式のものが多い．ディフューザポンプは，計画水量からはずれて運転すると，案内羽根が邪魔になって，騒音，振動の原因になる．近年，うず巻ポンプも高い揚

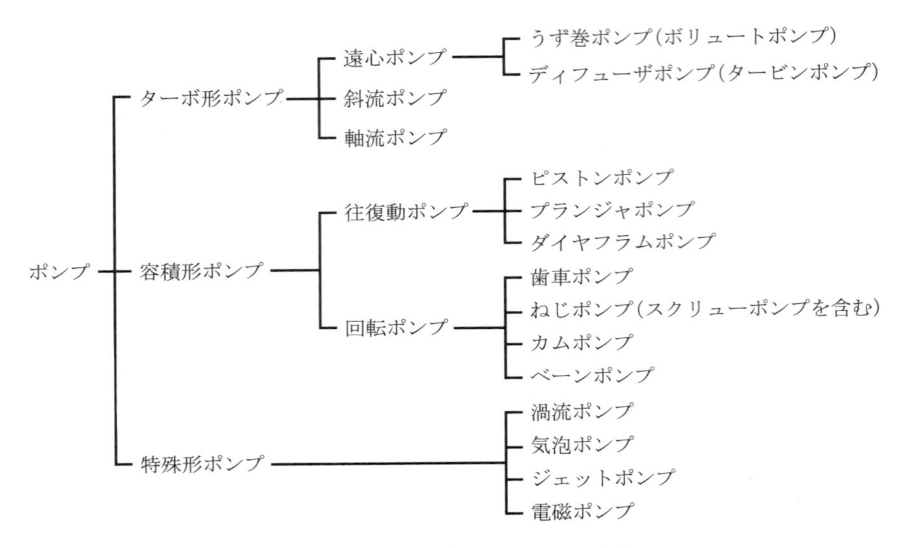

図16.1　ポンプの作用原理による分類

程のものが製作可能になり，価格的にも，水量変化に対する適応性でもうず巻ポンプのほうが有利であることから，水道用ポンプとしてディフューザポンプを使用する例は非常に少なくなっている．

③ 斜流ポンプ：うず巻ポンプと軸流ポンプの中間的な特性をもち，遠心力と羽根の揚力作用によって，羽根車内の速度エネルギーの一部を圧力エネルギーに変えて揚水作用を行う．低中揚程用のポンプで，大きさは軸方向に長くなるがうず巻ポンプより小型である．斜流ポンプは揚程変化に対して水量変化が少なく効率的である．水道施設のなかでは取水ポンプを中心に広く使われている．

④ 軸流ポンプ：羽根の揚力作用で速度および圧力エネルギーを与え，さらに案内羽根で速度エネルギーの一部を圧力エネルギーに変換して揚水作用をするポンプである．低揚程のポンプで軸動力も小さく小型である．しかし，揚程が定格の130%以上になると，騒音，振動が発生し，過負荷になりやすい．また，定格水量以下での運転は急激に効率が低下する．これらのことから斜流ポンプに比してやや使いにくく，水道での使用例はほとんどない．

⑤ 水中モータポンプ：これはポンプの作用原理の呼称ではなく，ポンプ部とモータ部が一体構造になっていて，水中に設置して使うポンプである．このポンプは地下水の揚水に用いられるほか，構造が簡単で据え付けが容易なことなどから，小口径の送配水ポンプとしても広く使われている．

16.1.2　ポンプの特性

ポンプの基本的な特性は，全揚程，軸動力，効率の三つで表すことができる．この三つの関係は比較回転速度 N_s によって定まる．この比較回転速度が同じであればポンプの大小にかかわらず，特性曲線は大体同じになる．比較回転速度 N_s $[(\mathrm{m}^3/分)^{1/2}\cdot\mathrm{m}^{-3/4}\cdot\mathrm{rpm}]$ は次式によって求められる．

$$N_s = N \times \frac{Q^{1/2}}{H^{3/4}} \tag{16.1}$$

ここに，N：回転数［rpm］，Q：揚水量［m^3/分］，H：全揚程［m］

式(16.1)でわかるように，N_s が小さいと小水量，高揚程のポンプを意味し，大きいと水量が多い低揚程のポンプとなる．図 16.2 にポンプ特性を，また表 16.1 に N_s とポンプ型式の関係を示す．

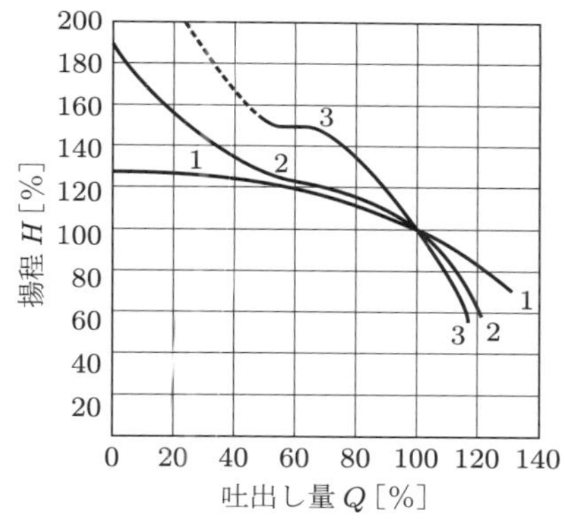

（a）揚程曲線

曲線 1：N_s = 300　うず巻ポンプ
曲線 2：N_s = 850　斜流ポンプ
曲線 3：N_s = 1500　軸流ポンプ

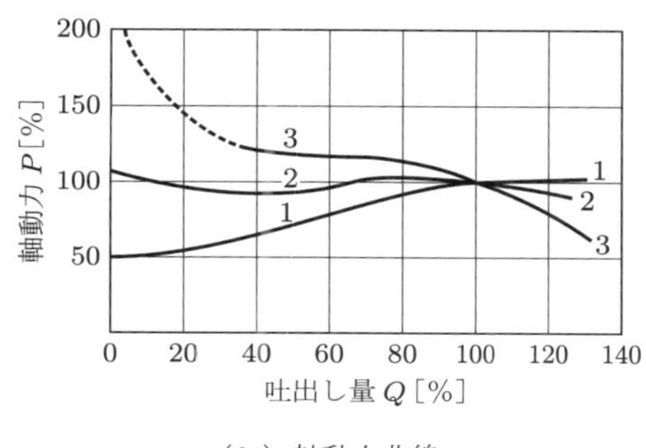

（b）軸動力曲線

効率 η［%］
吐出し量 Q［%］

（c）効率曲線

図 16.2　ポンプ形式と特性曲線［日本水道協会：水道施設設計指針（2012 年版），p. 543，図-8.2.17，日本水道協会，2012.］

表16.1　ポンプの形式と比較回転速度 N_s との関係

形　式		N_s [(m³/分)$^{1/2}$・m$^{-3/4}$・rpm]
ディフューザポンプ	単段式片吸込および両吸込形	100～300
	多段式	120～200
うず巻ポンプ	単段式片吸込形	100～450
	単段式両吸込形	120～700
	多段式	120～200
斜流ポンプ		500～1500
軸流ポンプ		1200～2000

16.2 ポンプ制御

ポンプ制御は，制御を行う対象によって水位制御，圧力制御，流量制御に分類される．制御の方法としては，ポンプの運転台数制御，バルブ開度制御，回転速度制御がある．

16.2.1 運転台数制御

ポンプの運転台数によって流量を制御する最も単純な方法である．

16.2.2 バルブ開度制御

図16.3のように，バルブによる損失水頭を変化させることによって，流量を制御する方法である．

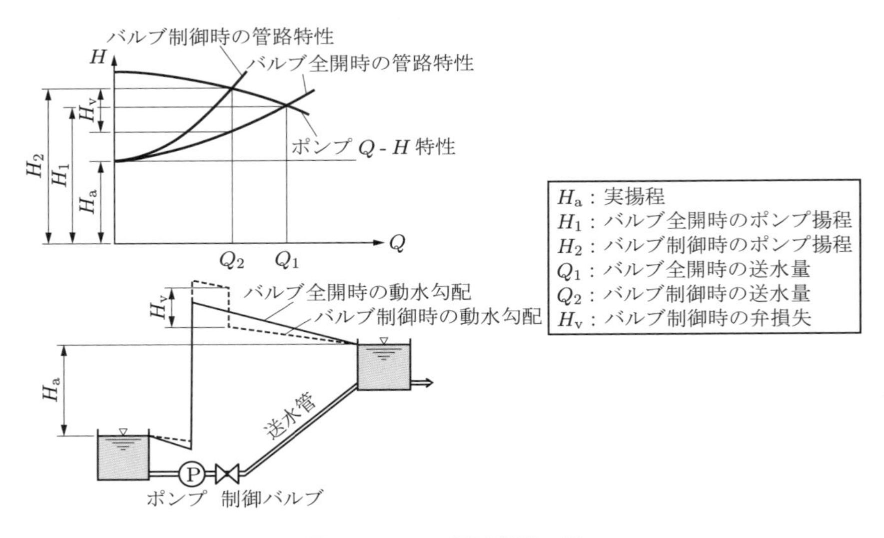

図16.3　バルブ開度制御の例

バルブの損失水頭 h_v [m] は次式で与えられる.

$$h_v = f_v \cdot \frac{v^2}{2g} \tag{16.2}$$

ここに, f_v：バルブの損失係数
v：管内平均流速 [m/秒]
g：重力加速度 [m/秒^2]

バルブによる流量制御は流量を絞ったときにキャビテーションを発生するおそれがあるので, キャビテーション性能が優れていて, 流量制御特性のよいバルブを使用しなければならない. 一般に, バタフライ弁, コーン弁, スリーブ弁が多く使われている. また, バルブの流量制御特性が管の損失係数によって大きく変わるため, 配管の損失係数の大きいところでのバルブ開度制御は困難である.

16.2.3 回転速度制御

ポンプの回転速度を変えて吐出し量を制御する方式である. ポンプの回転速度と吐出し量, 揚程の関係は規定回転速度近辺では次の式による.

$$Q' = Q \times \frac{N'}{N} \tag{16.3}$$

ここに, Q'：回転速度 N' のときの吐出し量 [m^3/分]
Q：規定回転速度のときの吐出し量 [m^3/分]
N'：規定回転速度以外の回転速度 [rpm]
N：規定回転速度 [rpm]

$$H' = H \times \left(\frac{N'}{N}\right)^2 \tag{16.4}$$

ここに, H'：回転速度 N' のときの全揚程 [m]
H：規定回転速度のときの全揚程 [m]

$$P' = P \times \left(\frac{N'}{N}\right)^3 \tag{16.5}$$

ここに, P'：回転速度 N' のときの軸動力 [kW]
P：規定回転速度のときの軸動力 [kW]

図 16.4 のように, 回転速度を変えることによって, 流量, 揚程, 動力を変化させることができる. ポンプの回転速度を制御するには動力源である電動機の回転速度を制御するのが一般的である. しかし, 電動機の回転速度を制御するためには, 大がかりな設備が必要になるため, 回転速度制御は比較的大規模なポンプ設備に適用される.

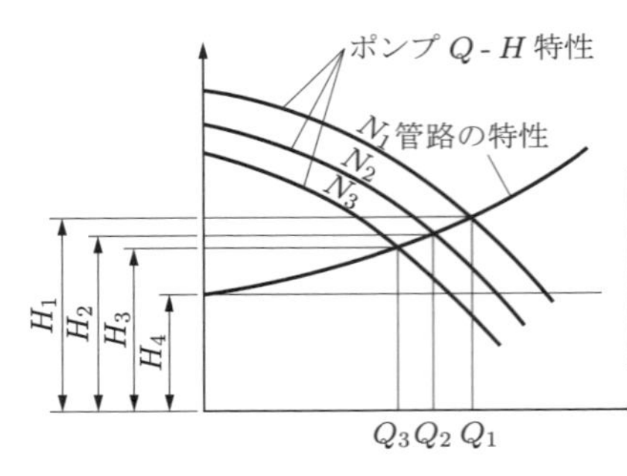

図 16.4　ポンプの回転速度と特性の変化

16.3 電動機

16.3.1 水道施設で使われる電動機

電動機には直流電動機と交流電動機がある．直流電動機は高価で，保守にも手間がかかるため，特別な用途以外には水道施設で使われている例はほとんどない．交流電動機には誘導電動機と同期電動機がある．ポンプの駆動や弁の開閉に使われるのはほとんど誘導電動機である．誘導電動機は回転子の構造によってかご形誘導電動機と巻線形誘導電動機に分けられる．

① かご形誘導電動機：回転子にかごの形をした導体が埋め込まれている．この電動機は，構造が簡単で機械的に強く故障が少ないうえ，価格も安いことなどからポンプの駆動やバルブの開閉に広く使われている．かご形の導体の構造や材質などによって各種の特性を備えた電動機がある．図 16.5 に一般的なかご形誘導電動機の回転速度と電流・トルクの関係を表した特性曲線を示す．

② 巻線形誘導電動機：回転子に巻線（2 次巻線）をしたもので，2 次巻線はスリップリングを通じて，外部抵抗に接続されている．この外部抵抗を変化させること

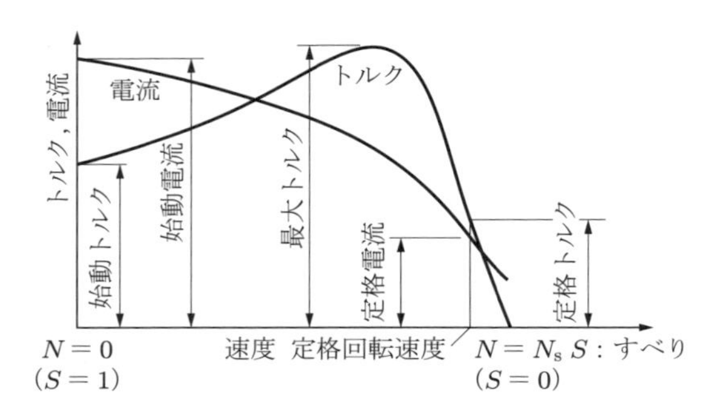

図 16.5　かご形誘導電動機のトルク特性

により，始動電流を制限することができる．慣性の大きな負荷で大きな始動トルクを必要とする場合，始動停止の頻度の多い場合に使われる．一般に，大型電動機に使われ，2 次側の抵抗値を変えて回転速度制御も行われている．

16.3.2 ポンプ用電動機の回転速度制御

回転速度制御は流量制御をスムーズに行うとともにエネルギー効率を高めることを目的としている．誘導電動機の代表的な回転速度制御は次のとおりである．

① 2 次抵抗方式：巻線型電動機の 2 次側に抵抗器を挿入し，その抵抗値を変化させて回転速度を制御する方式である．2 次抵抗方式は 2 次側に発生する電力をすべて熱エネルギーに変えて放出してしまうため，効率は悪い．

② M－G セルビウス方式：巻線形電動機の 2 次側に発生する電力を回収して，高効率を保ちながら回転速度制御を行う方式である．2 次側電力を回収するために，2 次側電力で直流電動機，誘導発電機を回転させて電力として回収する方式である．直流電動機の保守に手間がかかるため，最近ではあまり使用例は多くない．

③ サイリスタセルビウス方式：M－G セルビウスの電動機，発電部分をサイリスタインバータに代えたもので，すべて静止機器で構成されていることから効率も高く保守も容易である．

④ クレーマ方式：2 次側電力を回収するのに，直流電動機の軸出力として機械力で回収する方式である．大容量機に適しているが，直流電動機の保守に難点がある．この直流電動機の代わりに，保守の容易な無整流子電動機を使用した無整流子クレーマ方式もある．しかし，最近ではこの方式の使用例は非常に少なくなっている．

⑤ 1 次周波数制御（インバータ方式）：電動機に供給する 1 次側の駆動電力の周波数によって回転速度を制御する方式である．巻線型電動機より安価なかご形電動機と組み合わせて使用するのが一般的である．既設の巻線型電動機にも組み合わせて適用できるが，絶縁強化などの対策が必要な場合がある．最近は電力用半導体技術が進歩し，大型の電動機にも対応可能となってきている．また，装置も安くなってきており，省エネルギー性も高いことから回転速度制御方式の主流となってきている．

16.4 バルブ

16.4.1 バルブの形式と用途

バルブは水流の制御や遮断を目的に，水道施設のなかで多数使用されていて，施設の運転管理に重要な役割を担っている．バルブには多くの形式があり，それぞれの水理特性を備えており，目的や用途が異なる．バルブの水理特性を無視して使用すると，十分な制御特性を得られなかったり，キャビテーションによる壊食や水撃現象によって施設の破壊事故が発生したりするので，目的や用途に適した使用が大切である．水道用バルブの用途を大別すると，制御用，遮断用，逆流防止用，放流用，減圧用に分類できる．水道でよく使われるバルブの形式と用途を図16.6に示す．

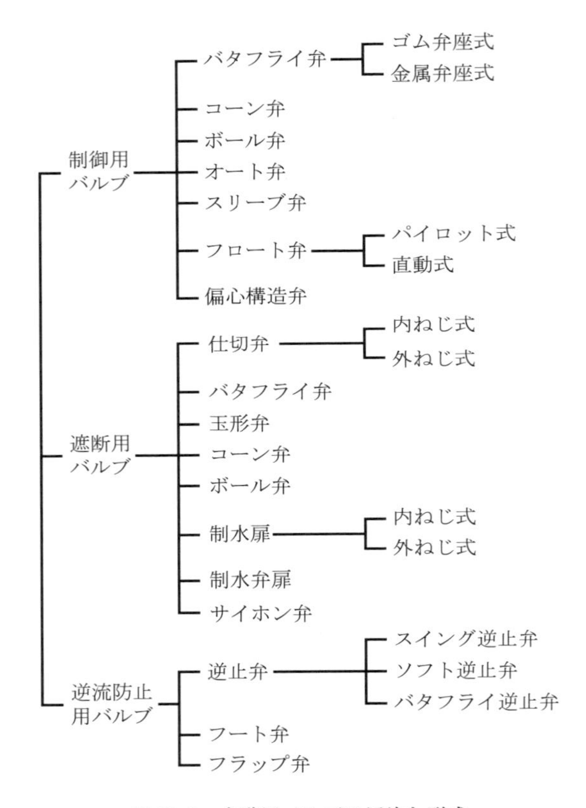

図16.6　水道用バルブの用途と形式

16.4.2　バルブの流量特性

図16.7に容量係数（バルブの前後の差圧が一定の場合はバルブの流量と比例の関係にある）と開度の関係を示す．オンオフ特性のバルブは開度が小さい場合に容量係数（流量）変化率が大きく，開度が大きくなるとほとんど容量係数が変化しなくなる．このようなバルブは流量制御には適さず，遮断用に使用される．流量制御には，開度の等量増加分に対して容量係数の増加分が等比率になるイコールパーセント特性のバルブが適している．流量制御用バルブは水流に対する抵抗体として管路の途中に組み

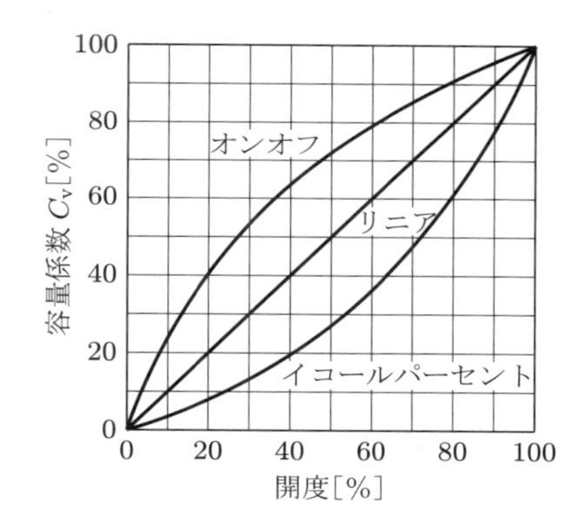

図 16.7 バルブの流量特性［日本水道協会：水道用バルブハンドブック（2015 年版），p. 16，図-2.3，日本水道協会，2015.］

込まれるので，水流は管路の抵抗とバルブの抵抗の総合で決まる．したがって，バルブの開度と流量の関係は，バルブ単体の特性だけでなく，水系全体の管路抵抗に大きく影響を受けることになる．

16.4.3 キャビテーション

バルブを絞ると流速が増加し，圧力低下を起こす．この圧力が飽和蒸気圧以下に低下すると，この部分で水が沸騰して水蒸気の気泡になる．この現象をキャビテーションといい，液体を扱う機器では不可避な現象で，バルブの開度が小さいときに局部的に容易に起こる現象である．この気泡は発生すると瞬時に消滅し，発生と消滅を繰り返す．このとき，衝撃力を発生し，騒音，振動の原因になるだけでなく，繰り返し応力が発生するため付近の材料に壊食を生じる．キャビテーションの発生条件は，バルブの形式やバルブ内の水圧によって異なる．

16.4.4 水撃現象

管路内を水が一様に流れているとき，急激にバルブを閉鎖すると上流側に異常な圧力上昇を，下流側に異常な圧力低下を生じ，その圧力変化が管内を伝播していく．このような現象を水撃現象（ウォーターハンマー）という．水撃現象による圧力変化は，流速やバルブの遮断速度に影響されるとともに，伝播した圧力変化が，管端の貯水池や配水池で反射し，その反射波との相互作用によっても影響される．水撃現象は異常な衝撃音を発生させたり，激しい場合には管路を損傷させたりすることもある．

16.5 電力設備

16.5.1 概　説

電気設備はエネルギー源としての電力を安全かつ有効に使うための設備である．電気は輸送が容易で，エネルギー変換も簡単なことから，水道施設のエネルギーはほとんど電力にたよっている．しかし，その取扱いを誤まれば，施設の停止だけでなく，人身事故や火災などが発生する危険性があるので，その保安にも十分な配慮が必要な設備である．

16.5.2 受配電設備

受配電設備は電力会社から電気を受電し，これを構内で使用する電圧に変電したうえ，各電気施設に配電する設備で，上水道施設のなかで非常に重要な役割を担っている．この設備の故障はただちに断減水につながるので，さまざまな安全対策が施されている．

たとえば，受電方式では図16.8(a)に示すように，常用線が停電しても，短時間で予備線に切り替えて復電できる2回線受電方式がとられていることが多い．また，図(b)のように，1回線受電方式では，長時間の停電が許されない場合に発電機を併設する例もみられる．

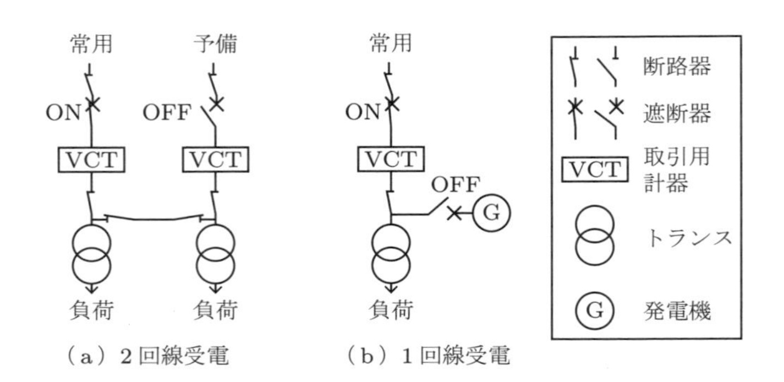

図16.8　受電方式

また，2回線受電では，ポンプや主要負荷設備の全面停止を極力防止し，停止した部分の復旧を容易にするために，図16.9(a)のように母線を二重化したり，図(b)のように母線間に連絡設備を設けたりして，施設運転の安定化に努めるのが一般的である．受配電設備に用いる主要機器は次のとおりである．

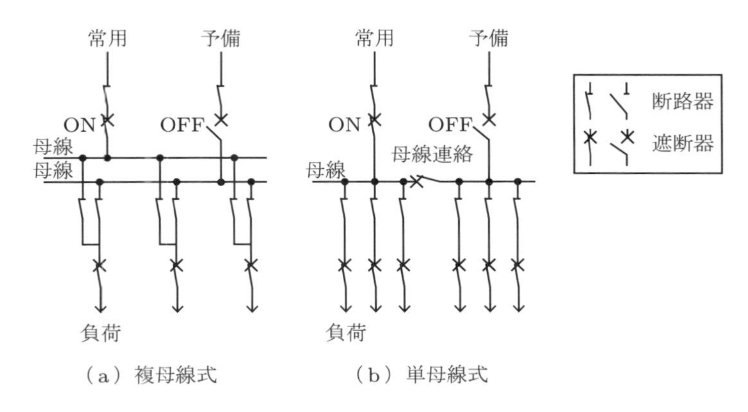

図 16.9 母線方式の例

(1) 変圧器

変圧器は変電設備の主要設備であって，故障の影響が大きいことから，2 台以上設置するのが一般的である．変圧器は絶縁材の種類によって油入変圧器，乾式変圧器，ガス式変圧器に分けられる．油入変圧器は，価格は安いが絶縁材に油を使うことから火災に対しては不利である．一方，乾式変圧器は小型軽量で，火災の危険が少ないことから普及が進んできている．ガス式変圧器は SF_6（六フッ化硫黄）ガスを絶縁および冷却に使用したもので，製作の歴史は新しいが，SF_6 ガスが高い絶縁耐力をもっていることから，小型でしかも高い信頼性と安全性の高い変圧器の製作が可能である．ただし，SF_6 ガスは温室効果ガスであるため，乾燥空気絶縁や固体絶縁といった SF_6 ガスを使用しない機器の開発も進んでいる．

(2) 遮断器

遮断器は電気設備の運転操作に使うだけでなく，保護継電器と一体になって設備の保護や事故の波及防止に使われる．遮断器は電流を遮断するときに発生するアークの消弧方法の違いによって次のような種類がある．

① 油入遮断器（OCB）：絶縁油で電流を遮断する方式である．

② 空気遮断器（ABB）：アークに圧縮空気を吹きつけて電流を遮断する方式である．

③ 真空遮断器（VCB）：アーク物質を真空中に拡散させて電流を遮断する方式で，最も多く使われている．

④ ガス遮断器（GCB）：SF_6 ガスを吹きつけて電流を遮断する方式である．

⑤ 磁気遮断器（MBB）：電磁力でアークを消弧室に引き込んで電流を遮断する方式である．

⑥ その他：水遮断器（WCB），気中遮断器（ACB）がある．

（3）開閉器，接触器，断路器

これらはすべて電路の開閉を行うものである．開閉器と接触器は負荷電流を開閉することを目的としていて，事故時の短絡電流（過電流）の開閉能力をもつ．断路器は充電電路の開閉を目的としたもので負荷電流の開閉能力はない．

16.5.3　直流電源設備

直流電源は施設の制御電源や停電時の保安電源として使用される．直流電源設備は充電装置と蓄電池で構成され，蓄電池の充電方式は常時充電している浮動充電方式が一般的である．充電器は交流から直流に変換するとともに充電電圧の調整を行う．蓄電池には，最近ではメンテナンスの容易なシール型を用いることが多い．

16.5.4　非常用発電設備

非常用発電設備は，災害などによる停電に備えた発電設備である．水道施設，とくにポンプ設備は非常に大きな電力を必要とする．この電力をすべて発電設備でまかなうためには，非常に大きな発電設備が必要になる．したがって，以前は電力が復旧したときに速やかに施設運転が再開できるようにするための，計装設備，建物，照明などの保安電力のみを確保するのが一般的であった．しかし，最近では災害時にも水を確保するために，施設全体を運転できる大規模な発電設備を設置する例も増えている．この場合，非常用だけでなく，普段も使う常用として発電し，買電費の節減と，電源ソースの二重化による電源の信頼性向上も目的とする使い方もある．

以前は，発電設備の動力源にはディーゼル機関が一般的であったが，最近では騒音，振動が少なく，冷却水が不要で保守の容易なガスタービンを用いる例が多くなっている．

●演習問題

16.1 水道用主ポンプに多く使われているポンプの形式を列挙せよ．

16.2 流量制御に適したバルブの種類をあげよ．

16.3 誘導電動機の回転速度制御の方式とその特徴を述べよ．

16.4 遮断器の種類を列挙せよ．

16.5 変圧器を絶縁の方式によって分類し，その特徴を簡単に述べよ．

第 17 章

計装設備

計装は Instrumentation の訳語であって，もともと生産工程に計器類を配置して，工程の量的把握および状態監視を行うことにより，操業を容易かつ正確に行うことを目的としたものである．当初，計装の技術は化学プラントを中心に発展してきた技術であるが，1960 年代になって浄水プラントにも本格的に導入されるようになり，その後急速に普及し，水道独特の技術開発も進み，今日にいたっている．

17.1 総　説

17.1.1 計装設備の特徴

計装設備は水道におけるほかの施設や設備と異なる次のような特徴をもっている．

① 設備だけでなくそれを生かす技術が重要：計装は，設備すなわちハードウェアだけでなく，制御や情報処理のための技術，広い意味でのソフトウェアが重要になる．このソフトウェアが不完全であると十分に機能しない．

② 浄水処理のための直接的機能を保持していない：計装設備は土木施設や機械・電気設備のように，浄水処理に直接的に必要な機能をもっていない．そのため，同一規模のプラントでも高度の計装を行う場合もあれば，簡単な計装にする場合もある．どの水準の計装を行うかは，おもに事業体の政策による．すなわち，施設管理の容易性，安全性，経済性に対する評価や事業体の技術水準によって計装の水準を決定する．しかし，直接的機能をもたない計装設備も，いったん設置されるとその役割は非常に重要なものになる．とくに，計装を高度化すればするほど計装設備に対する依存度が大きくなり，その重要度は増加する．

③ 人間との関連が大きい：計装設備は人間とプラントとの間の会話を行う設備で，プラントの運転状態を人間に知らせたり，運転指令を人間からプラントに伝えたりするものである．したがって，どのような計装設備も何らかの形で人間が関与する機能をもっている．

17.1.2　計装設備の目的と効果

計装設備は次のような目的のもとに設置されるが，どの目的に重点をおくかによって設備の内容が異なる．

① 省力化：運転監視や制御の自動化
② 品質の向上：適正な水質，水圧などのきめ細かい制御によるサービスレベルの向上
③ 資源の有効利用：薬品，電力の効率的利用
④ 安全性の向上：運転状況の常時監視により事故の防止や故障の早期発見による安全性の向上
⑤ 運転情報の収集：運転情報を集積，保存し，運転管理の方法や施設の改良への利用

17.1.3　計装計画にあたっての留意事項

17.1.1 項で説明したように，計装設備は浄水処理のための直接的機能をもっていないので，計装設備の水準や方式の決定はプラントの処理能力と直接的には関連しない．もちろん，プラントの処理能力を無視して計装計画を行うことはできないが，処理能力と計装計画はあくまでも間接的な関係でしかなく，計装計画は政策的な要素が計画決定に大きな影響を与える．したがって，計装計画にあたっては，ほかの施設計画とは異なった次のような配慮が必要である．

① 計画時点で期待する効果を明確にする：計装設備は効率的な運転管理を目的としたもので，それによるさまざまな効果が期待できる．しかし，どのような効果に重点をおくかによって，計装計画は変わってくる．そのため，目的とする効果をあらかじめ明確に絞り込むか，優先順位を考慮して計画を行う必要がある．
② 効果に対する評価のコンセンサスを得ておく：計装の効果は運転の安全性や省力化のように，それに対する評価が人によって分かれるものが多い．とくに，経営政策の違いによってその評価が大きく異なる．しかし，この評価が計装計画を決める重要な要素になるので，計装計画にあたっては事業体の責任者も含めて組織全体のコンセンサスを得ておく必要がある．
③ 技術動向の検討：計装設備は技術革新の激しい分野の設備であり，機器のライフサイクルも短いので計装技術の社会的動向や製造を中止した機器の部品の供給体制の事前調査が必要である．また，施設の管理要員の技術水準や管理能力も計装計画の重要な要素である．
④ 施設の増設，改造に対する対策：計装設備は水道施設のプラント全体に関連するため，プラントの一部の改造にもそのつど，計装設備の改造が必要になる．そこ

で，計装計画は施設の変更にも耐えられる弾力性のあるものにしなければならない．また，施設全体の将来計画も十分に考慮しておく必要がある．

⑤ 安全対策：計装設備は水道施設のプラント全体に関連し，各施設の運転管理を行っていることから，その故障はプラントの機能維持に重大な支障をきたす場合がある．したがって，計装設備には十分な安全対策が要求され，故障や誤動作に対するバックアップやフェールセーフの対策が必要である．また，設備的な安全対策だけでなく，プラントの制御不能の状態や致命的な故障を起こさないための運転管理要員の教育，訓練も大切である．

17.2 計装用機器

水道施設で使用されるおもな計装用機器には次のようなものがある．

17.2.1 検出機器

検出機器は流量や水位などの計測目的を計測信号として取り扱いやすい信号（電流，電圧，パルスなど）に変換する部分である．一般に，計測目的の変量を直接検知するセンサー部と，検知された信号を変換する発信器で構成されている．図 17.1 はベンチュリ管を使った流量検出器の例であり，流速の異なる箇所間の差圧を測定し，これから流量を計算し，発信器で電流などの伝送信号に変換して送信する．

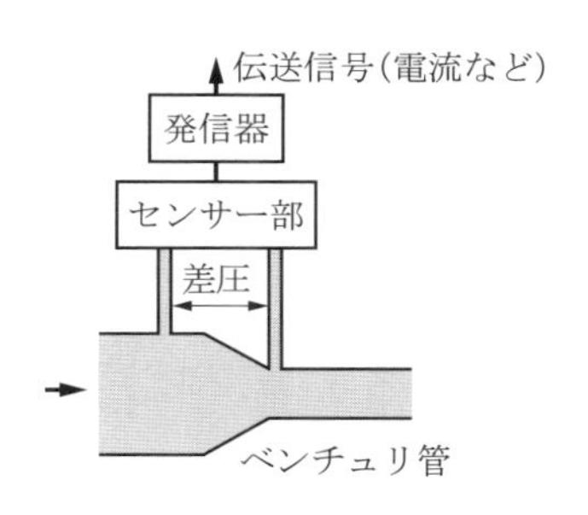

図 17.1　流量検出器

検出機器は現場に設置されるので，機器の設置条件，環境条件，使用条件を十分に考慮しなければならない．流量計を例にとれば，差圧式，超音波式，電磁式などの流量計の型式の違いによって，検出器の前後に必要とする直管部の長さや，最低必要流速の値が異なることから，それらの条件を満足するように設置しなければならない．

17.2.2 調節機器

調節機器は水量，水位などの計測信号と目標とする設定値から偏差を算出し，この偏差が許容値内に入るように被制御系に操作信号を出力するものである．調節機器にはアナログ型とディジタル型があり，最近は複雑な制御が可能で，ノイズにも強いディジタル型が多く使われている．

流量計によるポンプ運転のフィードバック制御例を図17.2に示す．

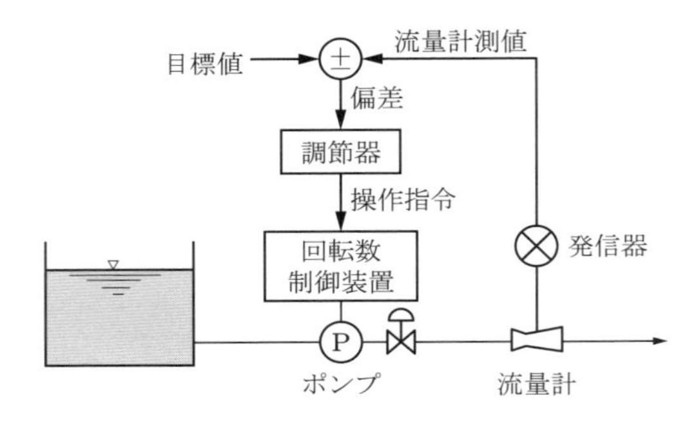

図17.2　フィードバック制御の例

17.2.3　信号変換用機器

プラント内では各種の機器間でさまざまな信号の送受が行われる．これらの信号には，電圧，電流，抵抗，パルスなどのさまざまな形態がある．信号変換用機器はこれらの信号を使用機器に適合した信号に変換する装置である．

17.2.4　伝送機器

水道施設における伝送機器は場内伝送のような近距離伝送と施設間で行う長距離伝送がある．

プラント内の近距離伝送はアナログでは電流伝送が一般的である．大規模施設では伝送量も多いためノイズに強い光ケーブルによる高速ディジタル伝送が一般的になっている．

一方，長距離伝送の方式には，テレメータ・テレコントロール装置によるものと，大量のデータを相互に交換するデータ通信方式とがある．水道施設は広域に分散した施設を結ぶ例が多いことから，このような長距離伝送のニーズも多い．テレメータ・テレコントロール装置はディジタル機器の技術進歩によって安価な機器が提供されるようになっており，普及が進んでいる．最近は，インターネットで広く使用されているイーサネットの技術を用いたものも使用されている．

17.2.5　監視操作機器

監視操作機器はプラントの運転状態や故障状況などの諸情報を運転員に伝えるとともに運転員の操作命令をプラントに伝える設備であり，水道施設を運転，管理するうえでのマンマシンインターフェースとして重要な設備である．一般に，操作盤，監視盤，LCD，プリンタなどを設備の規模に応じた組合せによって構成される．

17.2.6 コンピュータ

コンピュータは計装用機器の各機能の全部または一部を代替する設備である．その利用形態は浄水場のプラントの監視制御に用いられる場合と，取水から配水までの広域的な施設を一体として運用管理する系統運用制御に用いられる場合がある．コンピュータを使用した場合，計装の中枢機能がコンピュータに集中するため，故障時の影響を極力小さくするためにコンピュータの安全対策を十分に行わなければならない．

一般的な安全対策としては，2 台で同一の動作を行わせて 1 台が故障しても影響を受けないデュアルシステムや，複数のコンピュータに処理を分散し，故障の影響を小さい範囲におさえる分散システムがある．

近年，コンピュータの小型化，低廉化が進んだことから，構成方法は，ポンプ設備などの制御対象ごとに小型のプロセスコントローラを設置し，これらのプロセスコントローラと中央のサーバを高速通信網（LAN）で結合した集中監視分散制御方式が一般的になってきている．集中監視分散制御方式は，中央のサーバと現場のプロセスコントローラが階層構成になっており，それぞれのプロセスコントローラの制御範囲を小さくして，その故障の影響を最小限におさえるようにしたシステムである．一般に，中央のサーバはその信頼性を確保するためにデュアルシステム構成にする．

17.3 設備の計装

17.3.1 浄水場の計装

浄水場は施設が複雑であるとともに，その重要性から，施設運転の安全性，信頼性を確保するため，水道施設のなかでも最も計装化が進んでいる施設で，水道施設全体における計装の中心である．浄水場における各工程の計測と制御は次のとおりである．

① 着水井：計測項目は流量，水位，水質（濁度，pH 値，アルカリ度，塩素要求量）であり，これらの計測値により着水井の流量，水位制御および塩素注入制御が行われる．

② 混和池および沈殿池：混和池では凝集剤の薬品注入制御が行われ，水質計測が重要な役割を担っている．沈殿池においては水位，水質が計測され，排泥制御などが行われる．

③ ろ過池：水位，流量，損失水頭が計測され，ろ過流量制御，ろ過池洗浄制御，洗浄流量制御が行われる．洗浄制御は，図 17.3 のように，ろ過池まわりの多くの弁扉類があらかじめ定められた順序に従って，開閉制御される典型的なシーケン

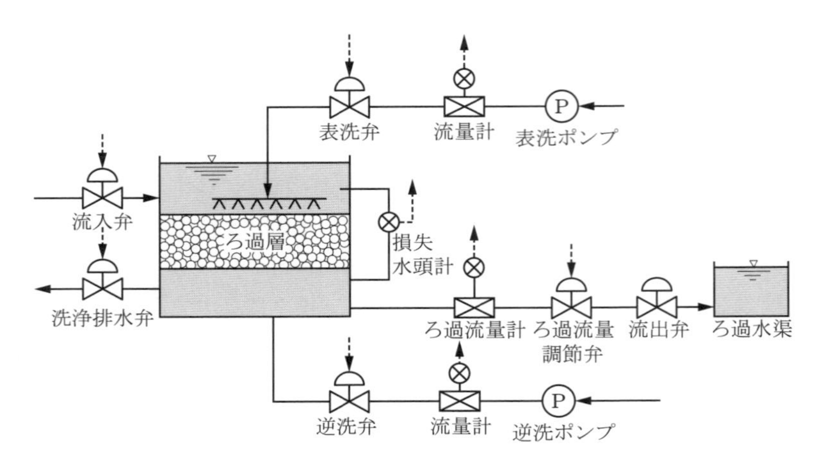

図 17.3　ろ過池計装のフローシート

ス制御である．

④ 浄水池，配水池：流量，水位，濁度，残留塩素，pH 値などが計測され，水位制御のほかに塩素注入制御も行われる．

⑤ 排水処理設備：排水処理設備は濃縮，脱水，乾燥の工程があり，機械式脱水設備や間接加熱乾燥設備などの計測や制御などのほかの浄水処理施設とは異なる計測や制御項目がある．

⑥ その他：①～⑤のほかに受配電設備，ポンプ設備，薬注設備などの計装がある．

浄水場の計測と制御の対象は基本的には，流量，水位，水質であるが，そのほかにも多数の計測項目があり，計測点数は相当な数になるので，これらの設備を正常に機能させるためには，信頼性の高い機器を使用するとともに，機器の故障に対する対策が必要である．たとえば，制御ループを二重化して，一つのループが故障しても施設の管理全体に支障を与えないようにするとか，故障した場合，安全側に故障するフェールセーフ機構や故障による影響範囲を極小にするための分散制御などの対策が必要である．浄水場の一般的な計測と制御項目を図 17.4 に示す．

17.3.2　送配水施設の計装

送配水施設の計装は送配水池の容量を有効に利用し，施設の稼動状況を安定化させるとともに，給水区域内の適正な水量，水圧を確保することが目的である．一般に，流量，水位，水圧を計測し，それにもとづいてポンプや弁の制御を行う．送配水施設の計装の主体をなすのは流量制御を目的としたポンプの運転制御である．

送水流量の制御は配水池の容量を利用するため，時間的変化があまり大きくなく，

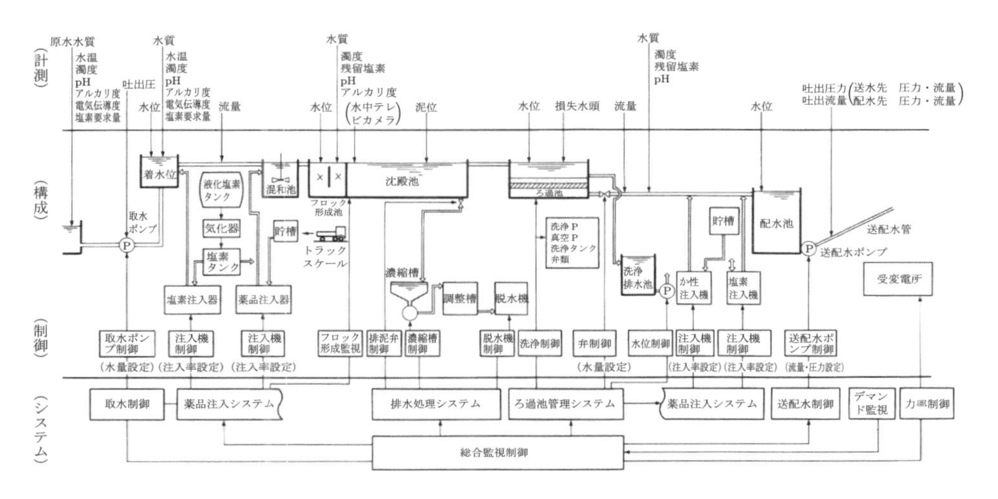

図 17.4 浄水場の計測および制御項目

また，細かい調整を必要としない場合が多いので，台数制御が主体で，効率の高い運転を行うのが一般的である．配水流量の制御は，需要変化に追随してきめ細かい制御が要求される．一般に，吐出圧一定制御または末端圧一定制御が行われ，制御方式は台数制御，回転速度制御，バルブ開度制御を組み合わせて行われる．

ポンプ設備の計装は測定点数が少なく計測項目も特殊な計測器を必要としない圧力，流量などであり，制御の安定性や確実性が要求されるところに特徴がある．また，送配水施設は広域に分散し，遠方監視制御によって無人施設にすることも多いので，その面からも制御の安定性，確実性が要求される．図 17.5 に送配水施設の計装の例を示す．

17.3.3 系統運用制御の計装

水道施設が大規模化，広域化するなかで，施設全体の効率的な運転を行うためには，取水から配水までの全施設の運転情報を一元的に管理し，各施設を相互に関連づけながら状況に応じた施設運用を行う必要がある．このような施設全体に及ぶ運用管理を系統運用制御あるいは配水コントロールとよぶ．

系統運用制御の計装はほかの施設の計装とは異なり，原水から配水管路網までの水の流れの情報および各施設の運転管理情報を伝送するためのデータ伝送装置と，その情報を加工，処理するための情報処理装置とで構成されている．この情報処理装置は，浄水場の計量設備と階層を構成し，その運転状況を常時把握するとともに，運転目標を指示する．また，配水管網の流量や圧力を直接的に監視するほか，バルブの制御を行うこともある．

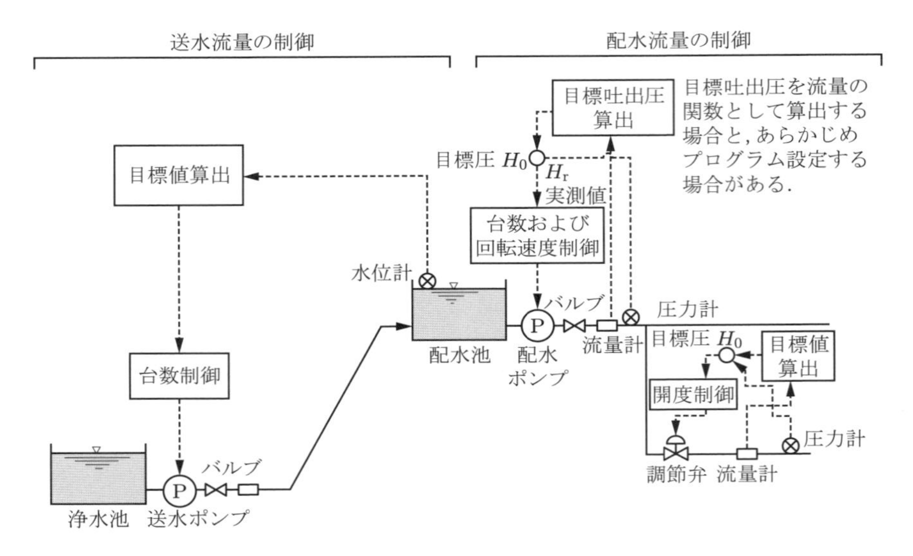

図 17.5　送配水施設の計装例

一般的な系統運用は，需要や河川流況の予測にもとづいて施設全体の運転計画を立てるとともに，現実の流れを監視しながら予測とのずれを調整し，施設全体の最適運転を確保するものである．系統運用制御の特徴は，集められる情報の量が多いことで，この大量の情報を分析，加工してシミュレーションを行うソフトウェアが重要な要素になる．

●演習問題

17.1 計装設備がほかの設備と異なる特徴について述べよ．

17.2 計装計画にあたっての留意事項を列挙せよ．

17.3 コンピュータの安全対策を二つ挙げよ．

第 18 章

上水道における維持管理

水道は，安全でおいしい水を適正な価格で安定的に供給して，公衆衛生の向上と生活環境の改善を図るためのものである．この目的を達成するためには，計画，設計，施工，維持管理の各段階が，それぞれ適正に実施されることが重要である．このうち，維持管理は，給水区域内の需要に対応した水量を，需要者の満足度の高い水質と水圧をもって供給できるように，水道施設を効率よく，かつ安全に運転管理するとともに必要な点検，整備を行わなければならない．

水道水の安全性とおいしさに対する需要者の関心と要求が高まるなかで，維持管理の重要性が増している．

18.1 水質管理

水道水の水質を，常に衛生的に安全で，かつ生活利用上，施設管理上に障害を生じないように保つためには，水源における水質保全，浄水処理過程における適切な処理，浄水場から給水栓までの間における汚染や水質劣化の防止など，それぞれの過程において目的に応じた方策が講じられなければならない．このように，水源から給水栓にいたるそれぞれの過程で，より適切な水質の水が得られるように方策を講じていくことを，広く水質管理という．

18.1.1 水源における水質管理

（1）水源の水質管理の目的

水源の水質は，水源の種類によって固有の特性をもつとともに，自然環境や人為的環境の変化にともなって，比較的短期間内に生じる変化や，長期間にわたる経年的な変化を示す．水源における水質管理の目的は，これらの水質の特性や変化，あるいは変化の原因を把握することによって，水源水質の保全，適切な浄水処理，水質事故対応などを図ることにある．

また，水源の水質管理は将来動向の予測に役立てるためにも，行う必要がある．特定の調査地点において定期的に行った水質調査の結果は，水質の現状把握に役立つだけでなく，それを集積して解析することによって水質の将来動向を予測し，その結果から将来の浄水処理計画の策定に役立たせることができる．したがって，水源の水質調査を計画するにあたっては，正確な現状把握が可能であると同時に，将来予測に役立たせることをも考慮して，調査地点，調査項目，調査頻度などを決定する必要がある．

しかし，水源水質の悪化に対する水道事業体の対応には自ずと限界があることから，平成6年3月に「水道原水水質保全事業の実施の促進に関する法律」（以下，「水道原水法」）が制定され，水道事業者からの要請によって，水道原水の水質保全のための措置が講じられるという制度が確立された．水道原水法で対象となる項目は，水道法にもとづいて定められた水質基準項目のすべてであり，水道事業体は，水道施設での水質改善だけでは水質基準を満たさなくなるおそれがある場合には，都道府県に対して水道原水の保全を要請することができる．また，平成7年1月には，水道原水法の運用などによる水道水質保全のための対策が積極的に講じられることを目的として，「水道水質保全対策ガイドライン」が策定されている．

また，水道原水法と同時に，「特定水道利水障害の防止のための水道水原水域の水質の保全に関する特別措置法」（以下，「特別措置法」）が制定され，水道事業体が水道原水法にもとづいてトリハロメタン対策に関して都道府県に要請したときは，特別措置法の規定による要請をしたものとみなされる．

（2）水源の種類別にみた水質管理

◎河　川　　一般に，河川水の水質には，季節にともなう変化と，各種排水の流入などによる変化とが認められる．したがって，水源河川の水質を把握するためには，少なくとも季節ごとに1回，流域の主要な地点において水質調査を行う必要があり，水質変化の大きな河川にあっては，月1回程度の水質調査が必要となる．

取水点の上流域に工場，農地，ゴルフ場，下水などが存在する場合は，それらの工場の製品，原材料，排水経路などや，農薬の種類，使用時期，使用量，下水の流入量などを把握しておくことが，水質管理上有効である．

また，同一水系の河川を水源とする各水道事業体は，経常的な水質監視や水質異常時における連絡を効率的に行うために，相互間に水質の共同監視体制や情報連絡体制を整備しておくことが必要である．

◎湖沼，貯水池　　一般に，わが国の湖沼，貯水池では，停滞期と循環期の反復が認められるので，その水質を正確に把握するためには，定点において定期的に深度別の水質調査を行う必要がある．植物プランクトンは急激に増殖することがあるので，そのおそれがある場合は週1回程度の水質調査が必要となる．とくに，富栄養化した湖沼，貯水池では植物プランクトンが増殖しやすく，その結果，かび臭の発生やろ過池の閉塞などのさまざまな障害が生じるので，富栄養化の進行状況には常に注意を払い，できるかぎりその防止策を講じなければならない.

湖沼，貯水池における水質改善の方策としては，硫酸銅の散布による植物プランクトンの殺滅，曝気による植物プランクトンの増殖抑制や底層への酸素供給などがある.

◎地下水 地下水の水質は変化が少なく，安定しているのが通例である．したがって，水質に変化が認められた場合は，何らかの異常の発生を意味するものとして注意しなければならない．また，外観的には清浄で変化が認められなくても，硝酸態窒素および亜硝酸態窒素の経年的な増加，トリクロロエチレンなどの有機化学物質による汚染などが生じている場合があるので，注意する必要がある.

18.1.2 浄水処理における水質管理

浄水処理における水質管理の目的は，原水から最終処理水にいたる各処理工程の水質を把握することによって，薬品注入などの浄水処理条件の決定，浄水処理効果，処理状況悪化の原因把握，水質基準への適合性などの判定を行うことにある．水質の把握は水質試験によるほか，水質計器や監視水槽などによっても行われる.

（1）水質試験

水質試験は，日常の維持管理から行われるべきものと，厚生労働省通知に関連して行われるべきものとに大別される.

日常の維持管理から行われるべき試験は，原水水質の変化の度合，浄水処理方式などによって，浄水場ごとに対象とすべき場所，項目，頻度が異なる．水質試験は頻度によって毎日試験，週試験，月試験，四季試験，年試験などに大別することができ，これらの各試験に，対象とする場所および項目を必要に応じて振り分けるのが通例である．しかし，塩素消毒のみの処理を行っている場合であっても，給水栓における毎日の検査が義務付けられている濁度，色度，残留塩素のような基本的項目は，原則として毎日試験を実施するか，水質計器による連続測定を行うことが望ましい．また，原水水質の変化がとくに激しい場合は，1日の間に頻繁に試験を繰り返すなど，必要に応じて採水箇所，項目，頻度を増加させなければならない.

水道法施行規則などに関連して行われるべき試験には，原水に関するものと，浄水に関するものとがある．原水に関しては厚生労働省通知により，すべての水源の原水について，水質が最も悪化していると考えられる時期を含んで，少なくとも毎年1回，消毒副生成物を除く全水質基準項目の検査を実施し，その記録を保存しておく必要がある．また必要に応じて，水質管理目標設定項目（水質基準項目と重複する項目，消毒剤および消毒副生成物を除く）のほか，浄水処理などの工程管理のために有用な項目（アンモニア態窒素，生物化学的酸素要求量（BOD），化学的酸素要求量（COD），紫外線（UV）吸光度，浮遊物質量（SS），侵食性遊離炭酸，全窒素，全りん，トリハロメタン生成能，生物）および要検討項目（消毒副生成物を除く）についても併せて実施する必要がある．

また，浄水に関しては，給水栓に代えて浄水場の出口などを採水場所として実施することができる試験がある．水質基準の項目は，浄水が浄水場から送り出された以後，送配水システム内において濃度上昇のないことが明らかな項目と，濃度上昇の可能性のある項目とに大別することができる．送配水システム内で濃度上昇のないことが明らかな項目については，給水栓に代えて浄水場の出口などの送配水システムへの流入点において採水場所を選定することもできる．送配水システム内で濃度上昇のないことが明らかな項目としては，水銀，セレン，ヒ素，フッ素，テトラクロロエチレン，陰イオン界面活性剤などがある．

水道水に対して水質基準項目の試験を行う場合は，水質基準に関する省令にもとづいて厚生労働大臣が定める方法による必要がある．試験実施上の便宜を図るため，多くの項目についてそれぞれ複数の試験方法が定められており，また試験の効率化を図るため，複数の項目を同時に試験することができる一斉分析方法が導入されている．

水道水以外の水の試験を行う場合は，水質基準に掲げられた方法以外の方法も使用されることがあるが，「上水試験方法」（日本水道協会）にまとめられた記載内容に従って行うのが一般的である．水質試験の諸項目は，理化学試験，微生物試験，生物試験に大別される．

① 理化学試験：水温，pH 値，電気伝導率などの基本的な項目をはじめとして，無機物，金属類，一般有機物，農薬，消毒副生成物などが対象になり，項目数は非常に多い．近年は非常に多種類の物質を分別する必要性とともに，極めて微量な物質の検出の必要性も高まってきたことから，これらの試験には，機器分析が大幅に採用されている．

② 微生物試験：一般細菌，大腸菌，従属栄養細菌，クリプトスポリジウムなどの病原性微生物，ウィルスなどが対象になり．水道水のおける微生物による汚染は，人の健康に重大な影響を与えるため，微生物試験は簡便かつ高頻度に試験できることが望ましい．これらの試験には，培養，顕微鏡観察に加え，核酸を増幅して検出する方法（PCR 法）が用いられている．

③ 生物試験：水源や水道システム内で増殖して着臭，着色，浄水処理障害（凝集沈殿不良やろ過閉塞など），給水栓からの肉眼的生物の漏出などの諸障害を引き起こす生物が対象になり，基本的に顕微鏡観察による種類別の計数を行っている．

一般に，水中に生育する生物と理化学的水質の間には密接な関係があり，理化学的水質はそこに生育する生物に影響を与え，そこに生育する生物の活動によって理化学的水質は影響を受ける．したがって，水質を評価する場合は，理化学試験，微生物試験，生物試験などのすべての試験結果から，総合的に行うことが必要である．

(2) 水質計器

水温，pH 値，濁度，電気伝導率などの基本的な水質項目に関しては，連続的に測定して記録する水質計器が開発されており，それらを使用しての水質管理も行われる．原水の水質変化が著しい場合は，水質計器による連続測定がとくに有効である．ただし，水質計器は誤動作などが生じることのないよう，定期的に保守点検を行い，水質試験値との整合性を確認する必要がある．

(3) 監視水槽

事故などにより原水が有毒物質で汚染されるおそれがある場合は，原水が常時流入流出する監視水槽で魚類を飼育し，魚類の挙動から水質異常の発生を監視する方法がとられる．水質試験では，多種類にわたる有毒物質を一度に検出することが困難であるが，魚類は多種類の有毒物質に鋭敏に反応して異常行動を示したり，へい死したりする．このような魚類の挙動を自動的に検知する装置も各種実用化されている．監視水槽用の魚種としては，小型で入手，飼育がしやすく，かつ有毒物質に鋭敏に反応するものが適しており，フナ，金魚，コイあるいは水源に生息するウグイ，オイカワなどがよく利用される．

18.1.3　配水，給水過程における水質管理

浄水場から送り出された浄水の水質は，給水栓に到達するまでの間に変化する．その変化を生じさせる要因は，外部の環境によるものと，浄水の水質自体によるものとに分けることができ，一般に，その変化の度合は，配水，給水過程での滞留時間の長さに比例する．このような浄水水質の変化をなるべく小さく抑え，水質を均一化するには，配水管網のループ化によって部分的な滞留箇所を解消したり，直結給水の導入などによって滞留時間の短縮を図ることが必要である．

◎外部要因による水質変化　配水，給水過程における浄水水質に対し，最も大きな影響を与える外部要因は気温であり，水温は気温の高低に従って上昇あるいは下降する．一般に，化学反応の速度は，温度が上昇するにつれて促進されるため，水質変化も低水温時より高水温時のほうが大きくなる．

浄水が接する配水管や給水管の材質の表面も，しばしば水質を変化させる要因となる．たとえば，金属製である場合は，その材質が浄水中に溶出し，鉄管であれば赤水の，銅管であれば青い着色の障害を起こす．また，接着剤や防食用塗料などから溶出した有機物質が原因となって，浄水に異臭が生じることもある．

◎浄水の水質要因による変化　浄水中の残留塩素は，被酸化物質と反応することなどによって次第に減少する．水温が同一であれば，その減少する速度は，浄水それ自

身が含んでいる有機物などの被酸化物質の量が多いほど速い．したがって，汚濁の進んだ河川水などを原水としている場合は，浄水場の出口では十分な残留塩素が存在していても，高水温時などには給水栓での残留塩素濃度が低下することがある．

また，トリハロメタンは配水，給水過程においても生成されるため，一般に浄水場出口より給水栓でのほうがトリハロメタン濃度は高い．したがって，トリハロメタンは，配水，給水過程における増加も考慮して低減化を図る必要がある．このような残留塩素の減少やトリハロメタンの増加に対応するため，給配水系の途中で塩素剤を補給注入する方法も導入されている．

18.1.4　給水栓における水質管理

給水栓における水質管理の目的は，供給される水が水質基準に適合していることを最終的に確認し，もし異常な徴候が認められた場合は，その原因を明らかにしてそれを排除するなどの措置をとることにある．とくに，トリハロメタンなどの消毒副生成物は，浄水場から送り出された後の浄水中でも次第に増加するので，その増加の度合に十分注意を払わなければならない．

なお，水道法第20条1項には，「水道事業者は，厚生労働省令の定めるところにより，定期および臨時の水質検査を行わなければならない」と定められている．

また，水質検査については，水道事業者は，毎事業年度の開始前に「水質検査計画」を策定しなければならない（水道法施行規則第15条）．定期的に行わねばならない水質検査の項目および頻度は，次のとおりである．

① 毎日行う検査：色，濁り，消毒の残留効果については，一日1回以上（水道法施行規則第15条）検査しなければならない．なお，近年は人が巡回などして検査する方法に代え，水温，pH値，電気伝導率，濁度，色度，残留塩素などの基本的な項目について，連続的に測定，送信，記録する自動水質計器を導入している例もみられるようになった．

② おおむね1箇月に1回以上行う検査およびおおむね3箇月に1回以上行う検査：水質基準51項目のうち，おおむね1箇月に1回以上検査を行わなければならない項目は，一般細菌，大腸菌，塩化物イオン，有機物（全有機炭素（TOC）の量），pH値，味，臭気，色度，濁度である．このほかに，ジェオスミンと2–メチルイソボルネオールについても，検査の必要がないことが明らかな時期を除き，1箇月に1回以上の検査が必要である．残りの40項目は，おおむね3箇月に1回以上検査を行わなければならない．しかし，項目によっては，過去の検査結果，原水や水源などの状況，浄水薬品や資機材などの使用状況を考慮し，検査回数を少なくしたり，検査を省略したりすることができる．各項目の検査回数，検査の省

略の可否などについて表 18.1 に示す．

表 18.1　水質基準項目などの検査における検査の回数，省略の可否など

項目名	給水栓以外での水の採取	検査回数	検査回数の減	省略の可否
色，濁り，消毒の残留効果	不可	1日1回以上	不可	不可
一般細菌	不可	おおむね1箇月に1回以上	不可	不可
大腸菌				
カドミウムおよびその化合物	一定の場合可†1	おおむね3箇月に1回以上	†2	†3
水銀およびその化合物				
セレンおよびその化合物				
鉛およびその化合物	不可			†4
ヒ素およびその化合物	一定の場合可†1			†3
六価クロム化合物	不可			†4
亜硝酸態窒素	一定の場合可†1			不可
シアン化物イオンおよび塩化シアン	不可		不可	
硝酸態窒素および亜硝酸態窒素	一定の場合可†1		†2	
フッ素およびその化合物				†3
ホウ素およびその化合物				†3（海水を原水とする場合不可）
四塩化炭素				†3（地下水を水源とする場合，近傍地域の地下水の状況も考慮する）
1,4-ジオキサン				
シス-1,2-ジクロロエチレンおよびトランス-1,2-ジクロロエチレン				
ジクロロメタン				
テトラクロロエチレン				
トリクロロエチレン				
ベンゼン				
塩素酸	不可		不可	不可
クロロ酢酸				
クロロホルム				
ジクロロ酢酸				
ジブロモクロロメタン				
臭素酸				†3（浄水処理にオゾン処理，消毒に次亜塩素酸を用いる場合不可）
総トリハロメタン				不可
トリクロロ酢酸				
ブロモジクロロメタン				
ブロモホルム				
ホルムアルデヒド				

表 18.1　水質基準項目などの検査における，検査の回数，省略の可否など（続き）

項目名	給水栓以外での水の採取	検査回数	検査回数の減	省略の可否
亜鉛およびその化合物	不可	おおむね3箇月に1回以上	†2	†4
アルミニウムおよびその化合物				
鉄およびその化合物				
銅およびその化合物				
ナトリウムおよびその化合物	一定の場合可[†1]			†3
マンガンおよびその化合物	不可			
塩化物イオン		おおむね1箇月に1回以上	自動連続測定，記録をしている場合，おおむね3箇月に1回以上とすることが可	不可
カルシウム，マグネシウムなど（硬度）	一定の場合可[†1]	おおむね3箇月に1回以上	†2	†3
蒸発残留物				
陰イオン界面活性剤				
ジェオスミン	不可	おおむね1箇月に1回以上（臭気物質産出藻類の発生が少なく，検査の必要がない期間を除く）	不可	†3（湖沼などの停滞水域を水源とする場合，臭気物質を産出する藻類の発生状況も考慮する）
2-メチルイソボルネオール				
非イオン界面活性剤	一定の場合可[†1]	おおむね3箇月に1回以上	†2	†3
フェノール類				
有機物（全有機炭素（TOC）の量）	不可	おおむね1箇月に1回以上	自動連続測定，記録をしている場合，おおむね3箇月に1回以上とすることが可	不可
pH値				
味				
臭気				
色度				
濁度				

†1　送配水施設内で濃度が上昇しないことが明らかである場合には，浄水施設の出口，送水施設，配水施設のいずれかにおいて水を採取できる．

†2　過去3年間の検査結果が，基準値の1/5以下であるときはおおむね1年に1回以上，基準値の1/10以下であるときはおおむね3年に1回以上とすることができる．

†3　過去の検査結果が基準値の1/2を超えたことがなく，かつ原水並びに水源およびその周辺の状況を考慮し，検査の必要がないと認められる場合，省略できる．

†4　過去の検査結果が基準値の1/2を超えたことがなく，かつ原水並びに水源およびその周辺の状況，薬品などおよび資機材などの使用状況を考慮し，検査の必要がないと認められる場合，省略できる．

18.1.5　水安全計画

水安全計画は，世界保健機関（WHO）が「飲料水水質ガイドライン第3版」で提唱した新しい水質管理手法である．食品分野の衛生管理手法である危害分析・重要管理点（hazard analysis and critical control point：HACCP）の考え方にもとづき，水源から給水栓までのリスク評価とリスク管理を実施する．以前から行われてきた食品の最終製品の検査に重点をおく衛生管理手法とは異なり，製造において重要となる工程で管理することによって，食品の安全性を高めるというものである．水安全計画において，水源から給水栓までのあらゆる過程における，水質汚染などの水道水の安全性を脅かすすべての要因（危害）を特定し，その種類，発生箇所，発生頻度，影響の大きさについてリスク評価し，危害の影響を未然に防止するための対応方法を設定する．このような統合的なリスクマネジメント手法により，水道水の安全性をいっそう高いレベルで確保することができる．

18.2　水量と水圧の管理

18.2.1　水量管理

以前は，浄水場から出た水は，管路をどういう経路で，どの方向に流れているかもよく把握できないなかで，水の運用が行われてきた．しかし，最近のエレクトロニクスや計装設備の発達によって，水量や水圧に関する情報が，かなりの正確さをもって得られるようになり，配水系統中の状況がリアルタイムで把握できるようになったことから，管理形態がこれまでの分散管理から集中管理へ変わってきている．すなわち，水量の管理について，水源から末端給水にいたるまで，データの収集，加工，解析をリアルタイムで行い，即座に情報として提供できることから，水道をトータルシステムとして一体的に管理，運用していくようになってきている．

一概に配水量といっても，その内容は表 18.2 に示すように各種の要素が含まれている．これらの各要素の正確な分析が，水道経営にとって極めて重要な指標となる．そのためにも，水量管理を適切に行わなければならない．

都市における水の確保が，水道のほかになくなってきているため，渇水や事故などの異常時におけるバックアップ体制を十分に検討しておく必要がある．そのためには，施設の整備が第一であるが，運用状態の把握も大切な事項である．運用状態に関する情報をもとにして，平常時には経済的で効率のよい運用を，また異常時には施設間の相互融通を迅速かつ効果的に行い，事故の影響をできるかぎり少なくする運用を行うことができる．このように，総合的な水運用を実施していくうえでも水量管理は重要な役割をもっている．

水量管理を適切に行うことにより，次のような効果が得られる．

① 給水区域の配水量を分析することで，地域の特性を把握することができ，それに見合ったポンプの運転計画を立てることができる．

表 18.2　配水量分析

分析項目	用語の定義
配水量	配水管の始点における流量（通過量）の合計
有効水量	使用上有効とみられる水量
有収水量	当該水量について，料金として，あるいは他会計などからの収入のあるもの
料金水量	料金徴収の基礎となった水量
分水量	ほかの水道事業に対して分水する水量
その他	公園用水，公衆便所用水，消防用水などであって，料金としては徴収しないが，他会計から維持管理費などとしての収入がある水量
無収水量	当該水量について収入がないもの
メータ不感水量	有効に使用された量のうちメータに不感のため料金徴収の対象とはならない水量
局事業用水量	管洗浄用水，漏水防止作業用水などの配水施設に係る局内事業に使用した水量
その他	公園用水，公衆便所用水，消防用水などであって，料金その他の収入がまったくない水量
無効水量	使用上無効とみられる水量
調定減額水量	赤水などのため，料金徴収の際の調定により減額の対象となった水量
漏水量	配水本支管，メータ上流給水管からの漏水量
その他	ほかに起因する水道施設の損傷などにより無効となった水量および不明水量

② 情報をもとに，給水区域の需要予測ができ，効果的な浄水計画や配水池の運用ができる．
③ 配水管路の事故や渇水時に，迅速かつ適切な対応をすることができる．
④ 漏水量の分析が容易となり，有収率の向上が図られる．

18.2.2　水圧管理

水圧の管理は，水量と一体をなすもので，適切な水圧管理を行うことは給水圧力の均等化を図ることになり，次のような効果が得られる．

① ポンプの電力量削減など，省エネルギー対策に役立つ．
② 給水区域への適切な水圧管理によって，漏水防止に効果がある．
③ 事故の早期発見ができるようになり，被害を最小限にくいとめることができる．

18.3 施設の管理

18.3.1 貯水，取水施設の管理

貯水施設は，その環境が良好な状態に保持され，将来にわたって，貯留水が汚濁されないように，次のような事項に配慮して管理する必要がある．

① 上流河川の水質については，関係法令にもとづく水質の規制を徹底させ，事業者などに排水規制の順守について協力を得るようにする．
② 貯水池での釣り，遊泳，舟の運航などの汚濁の原因になる行為はできるかぎり避けるようにする．
③ 巡回などにより，汚濁の原因となる物質や廃棄物の投棄の監視を行う．
④ 汚染防止，危険防止のため，立ち入りが好ましくない地点には人止め柵を設けて，一般人の立ち入りを禁止する．
⑤ 周辺の土砂崩れなどが発見されたときは，速やかに護岸工事などの対策を行う．
⑥ 降水の急激な流出の緩和などのため，集水地域の緑化に努める．

取水施設では，河川や湖沼などの水源から水道の需要に応じて的確かつ安定的に原水を取り入れられるように，水量管理や水質監視を行う必要がある．

水量管理の目的は，次のとおりである．

① 浄水量，送水量，配水量の変動に応じて，必要な取水量を確保する．
② 水利使用許可水量内または規制水量内で取水して取水量を記録保存する．
③ 取水施設と浄水施設間の水量の損失を把握して施設の合理的運用を行う．

また，取水施設では，水源状況の変化，とくに水質の変化に注意するとともに，突発的に発生する油や有害物質による水源汚染に対しても早期に発見できるように常時監視を行い，必要な対応をしなければならない．

18.3.2 浄水施設の管理

浄水場の管理とは，さまざまな設備や装置を正常に運転することと，そのための整備を行うことである．

そのためには，管理の方法や手順を標準化し，内容を明確にすることや，施設や設備の事故に対応した訓練を定期的に実施して，突発的なポンプの故障や事故などに速やかに対応できるようにしておかなければならない．

(1) 管理方法の標準化

① 管理に必要な基準値や目標値を定め，測定値との比較を明確にしておく．そのためのチェックリストなどが必要である．
② 運転日誌を標準化する．
③ 補修，修理の履歴を整理，保存する．コンピュータの発達にともなって，履歴を

データベース化することは比較的簡単であり，機器類の管理情報を迅速に得ることができる．

④ 機器類の操作方法，保全方法を明確にしておく．

⑤ 施設，設備，装置などの仕様，図書類を常に整理し，いつでも使用できるようにしておく．

（2）確実な作業

① 管理に必要な情報は，迅速かつ正確に伝達し，的確な判断にもとづいて作業を確実に実行する．

② 運転と整備を常に連携させ，総合的な管理ができるように，体制を整えておく．

③ 緊急時，異常時の体制は平素から十分に徹底しておく．

18.3.3　漏水防止

漏水防止という場合，通常は水道施設のほとんどを占める管路からの漏水とその防止対策についての意味で使われている．

漏水量は直接経営に影響することから，水道事業体は漏水をみつけて修理し，あるいは漏水発生を防止するなど，漏水量減少に努めている．また，管路における漏水は，給水不良，道路の陥没，建物への浸水などの二次的な被害をもたらすこともあり，その防止対策は，極めて重要である．

とくに，大都市においては，管路を取り巻く道路交通などの環境や夜間帯の使用量が多いことなど，漏水の発見しにくい状況にある．

（1）漏水の形態

漏水をその発生形態から分類すると，地上に流れ出てくる地上漏水と，地下に浸透したり，水みちをつくって近くの下水道管や地下構造物などに流入したりする地下漏水の2種類になる．

地上漏水は，人目に触れるので発見も容易で，短時間に修理されるが，地下漏水は直接人目に触れないのでみつかりにくく，長期にわたって漏水することが多いため，漏水量全体のほとんどを占める．

漏水の発生原因としては，地盤沈下，土壌腐食，設計・施工・材料の不良，他工事による損傷，異常水圧などのさまざまな要因が考えられる．

図18.1に，漏水の管種別と原因別の発生比率の例を示す．

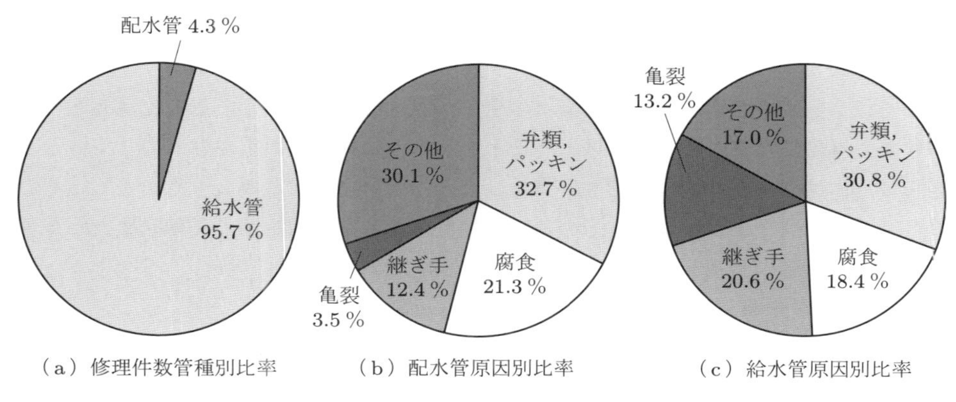

図 18.1　漏水の発生状況の例（東京都，2014 年）

（2）漏水防止対策

漏水防止対策は，基礎的対策，対症療法的対策，予防的対策に大別でき，それぞれの具体的内容は，表 18.3 のとおりである．漏水防止については，漏水を早期に発見し，

表 18.3　漏水防止対策

部　門	項　目	施　策
基礎的対策	漏水防止の準備	財源，組織の確保，図書類（配管図，区画図など）の整備，区域の設定，計量設備の整備
	実態調査	配水量，漏水量の分析，水圧測定，漏水原因の追求，漏水の分析
	管材料の研究と改良，開発	配水管ならびに給水管の管材料，継手材料，付属器具類
	技術開発	漏水量測定法，埋設管探知法，漏水発見法，修理方法
対症療法的対策	機動的作業	地上漏水の即刻修理
	計画的作業	地下漏水の早期発見，修理
予防的対策	水道事業の計画	漏水防止を配慮した計画
	水道施設の設計施工	耐震性，耐久性，耐食性，水密性
	経年管の取り替え（漏水多発管の取り替え）	配水管および給水管の取り替え（管種変更も含む）
	給水装置の構造の改善	道路横断管の集約化
	管路の防護	量水器をできるだけ公道に近い位置に設置する，防食，漏水防止金具の取り付け，曲管部の補強
	残存管の処理	分岐箇所における完全な処理，給水装置の管理の徹底
	管路パトロール	他企業工事による損傷を防ぐための指導，監督
	水圧の調整	配水系統の分割，減圧弁の設置

修理する対症療法的対策だけでなく，漏水を未然に防止する予防的対策の重要性が増してきている．

とくに，漏水率の低減とともに漏水の発見が困難となってきていること，あるいは一件あたりの漏水防止技術のコスト増などから，予防的対策の重要性が増している．さらに，古い配水管や給水管は，経年化によって次第に漏水率が大きくなっていくことや，近年のステンレス鋼管などの管種，管材の進歩を考えると，長期的視点から管の更新を進めていくことが極めて重要である．

（3）漏水防止作業

漏水箇所を探知する方法として，音聴法や相関法などが，また漏水量を把握する方法としては，水道使用のない空き時間を利用した夜間最小流量測定法が使われている．

① 音聴法：音聴棒または電子式漏水発見器を使用して漏水を探知する方法である．音聴棒は漏水音を管路や管路付属施設から直接捕らえ，電子式漏水発見器は地表面から捕らえるものである．

② 相関法：水道管に漏水がある場合，漏水箇所を挟んだ管路上の2箇所にセンサを取り付けて漏水音を捕らえ，漏水音がそれぞれのセンサに伝わるまでの時間差から漏水位置を特定するものである（図18.2）．

③ 時間積分式漏水発見器：漏水音が継続性をもつという性質を利用して，漏水の有無を判定するもので，水道メータます内の給水管露出部にセンサを取り付け，漏水音を数分程度測定する．検出距離は約20 mで，小型，軽量で，操作には熟練した技術を必要としない．

④ 夜間最小流量測定法：夜間に水道が使用されない時間帯が発生することに着目した方法で，一定規模の閉鎖した区画に一箇所からの流入量を測定する方法である．測定された流量のうち，最も少ない流量を漏水量とみなすことができる．

（4）漏水量の水圧換算

漏水量を測定して得られた値は，あくまで測定時の水圧における漏水量である．水圧は季節，時刻によって変化するので，測定地区の平均水圧に換算して漏水量としな

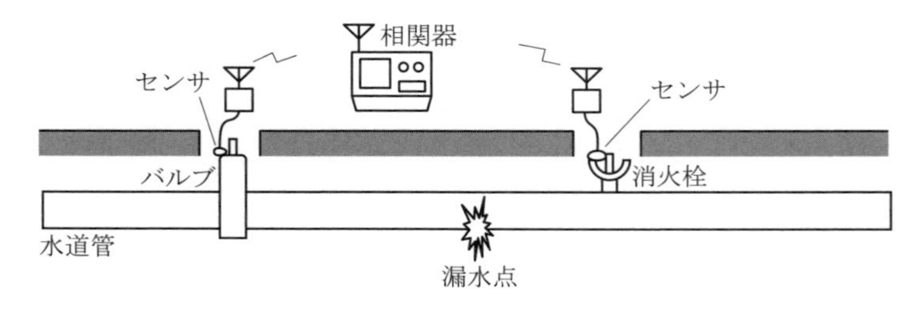

図18.2　相関法の原理

ければならない．換算漏水量 Q は，次式のようになる．

$$Q = \frac{P}{P_0} \times \eta \times Q_0$$

ここに，Q_0：測定時漏水量，η：指数，P：換算水圧（測定地区の平均水圧），P_0：測定時水圧

18.3.4　その他

維持管理の充実を図るためには，計画的，定期的な施設の整備や保守点検は欠かすことができない．適切な維持管理は，効率的な水運用を促進するばかりでなく，事故時の迅速な対応や公平，均等な給水，あるいは有収率の向上につながる．以下に主要な項目について記述する．

（1）シールド立坑

地下構造物であるシールド立坑は，地下水による冠水，ポンプ設備の障害，酸素欠乏などがあるため，定期的な管理を行って，常に良好な状態にしておく必要がある．

（2）バルブ機能の維持

制水弁類のうち，とくに電動式のものは，緊急断水や系統変更時に速やかに，また確実に作動しなければならない．そのためには普段の保守，点検が重要である．電動弁の保守，整備は，設置場所の環境，機器の仕様，使用頻度などによって異なる．

（3）設備の更新

一般に，設備は老朽化や陳腐化にともなって更新が行われる．老朽化というのは，使用経過にともなって故障を未然に防止するために定期的に行う予防保全や，故障が発生した後に復旧するための事後保全を適切に実施しても，本来の性能の維持が困難になり，補修費が増大したり稼働率の低下が避けられなくなったりして絶対的に機能低下を生じる状態のことである．陳腐化とは，現在の設備自体には障害はないが，たとえば，高エネルギー効率などの性能のよいものが開発され，相対的に効率が悪くなり，価値が減少する状態である．このほかに，設備更新が行われるのは，設備の形式変更や製作中止にともない，部品の入手ができず，設備の維持補修が困難になった場合や，法的規制によって使用不能になる場合などがある．

設備の更新は，新設の場合と異なり，稼働中の水道施設を対象とする場合が多いので，施工環境の制約も多く，施工にあたっては特別の配慮が必要である．

（4）管路の更新

配水管は，長年月にわたって使用していると，管内にさび，こぶなどが発生し，通水能力が減少して給水不良を起こしたり，水の流速や流向の変化にともなって，赤水などの原因となることがある．

管路の更新の方法には，古い管路を新しい管路に置き換える布設替えと，古い管路の内面を何らかの方法で新しくする管路の更正とがある．

いずれの方法にしても，事前の調査をできるかぎり入念に行い，経済的でかつ安全確実な方法を選択する必要がある．

管路の更正工法としては，内面塗装工法，パイプインパイプ工法，パイプリバース工法，ホースライニング工法などがある．

●研究課題

18.1 大都市においては管路の維持や漏水の発見などに対して極めて不利な状況が生じてきている．そのようななかで漏水を発生させないために入念な工事施工を行う必要がある．工事施工，とくに配管施工時の注意事項を考えてみよう．

演習問題略解

第3章

3.1 水道水の水質は，生涯にわたって連続的に摂取した場合でも健康上の障害を生じないこと，また生活利用上および施設管理上にも障害を生じないことが基本要件となる．これらの要件を満たすために，必要な項目ごとに順守すべき値が定められたものを水質基準といい，わが国では，健康に関連する項目として 31 項目，水道水の性状に関する項目として 20 項目が，それぞれ水質基準として定められている．

第4章

4.1 河川水の水質は，気温と降水により影響を受ける．夏季では，生物の作用が活発化して有機物の分解作用が促進されるが，細菌類の活動によって溶存酸素が不足し，底部で嫌気状態となる場合がある．冬季では水温の低下とともに硝化作用も低下するため，アンモニア態窒素が増加する傾向にある．台風や集中豪雨などの一時的に大量の降水がある場合は，土壌の流入などにより懸濁物質が増えて濁度が急増する．

4.2 停滞期では，水温差による水温成層が形成され，表層では植物プランクトンが増殖して溶存酸素の増加や pH 値の上昇がみられ，底層では嫌気状態となって栄養塩類やマンガンが溶出する．循環期では，表層から低層までの水が混合してほぼ一様の水質となる．停滞期に溶出した栄養塩類が表層にも及び，日射を受けて植物プランクトンの増殖が起こりやすくなる．

第5章

5.1 沈砂池の幅を W とすると，表面積は $A = LW$，池内平均流速は

$$V = \frac{Q}{HW}$$

である．安全係数 K を 1 とすると，式(5.1)から，砂の沈降速度 v は次のように変形することができる．

$$v = \frac{HV}{L} = \frac{H}{L}\frac{Q}{HW} = \frac{Q}{A}$$

すなわち，除去される砂の沈降速度は処理量を表面積で割ったものとなる．この値を表面負荷率といい，理論的には，この速度以上の粒子は 100%除去される．砂粒子のように，相互に干渉しないで沈殿する状態のときは，この式はよく適合する．このようにして求めた全体の表面積に，安全率をかけ，一池の長さと幅の比が適当となるように，それを何池かに分割する．

5.2 水路幅は $B = 4$ m で，径深 R は次式となる．

$$R = \frac{BH}{B + 2H} = \frac{2H}{2 + H}$$

式(5.2)のマニング公式から

$$V = \frac{1}{n} R^{2/3} I^{1/2} \tag{1}$$

$$Q = AV = BH \frac{1}{n} R^{2/3} I^{1/2} \tag{2}$$

となる．式(2)に $Q = 12\ \mathrm{m^3}$/秒，$I = 1/1000$，$n = 0.015R = 2H/(2+H)$ を代入して整理すると

$$\left(\frac{2H}{2+H}\right)^2 = \left(\frac{5.692}{4H}\right)^3$$

となる．したがって，水深は $H \fallingdotseq 1.56\ \mathrm{m}$ である．このとき，平均流速は

$$V = \frac{Q}{A} = \frac{12}{4 \times 1.56} \fallingdotseq 1.92\ \mathrm{m/秒}$$

である．

第7章

7.1 式(7.4)のストークスの式

$$v_s = \frac{1}{18} \frac{\rho_s - \rho}{\mu} d^2 g$$

に $\rho_s = 1.2$，$\mu = 0.01$，$d = 0.1$ を代入すると，

$$v_s = \frac{1}{18} \frac{1.2 - 1.0}{0.01} \times 0.1^2 \times 980 = 10.9$$

となる．したがって，限界沈降速度は 10.9 cm/秒である．

7.2 省略

第8章

8.1 表 8.1 の結果を方眼紙上にとり，粒径加積曲線を解図 1 に示すように描く．図中の縦軸の 10%の点から水平線を引き，粒径加積曲線との交点 E より横軸に垂直線を下ろし，その交点を求めると，その点が示す粒径が有効径となる．したがって，有効径は 0.48 mm となる．

同様に縦軸の 60%に対応する横軸上の粒径を求め，

$$\frac{60\%の粒径}{10\%の粒径} = 均等係数$$

の式より均等係数を求める．したがって，この場合は，$0.85/0.48 = 1.77$ となる．

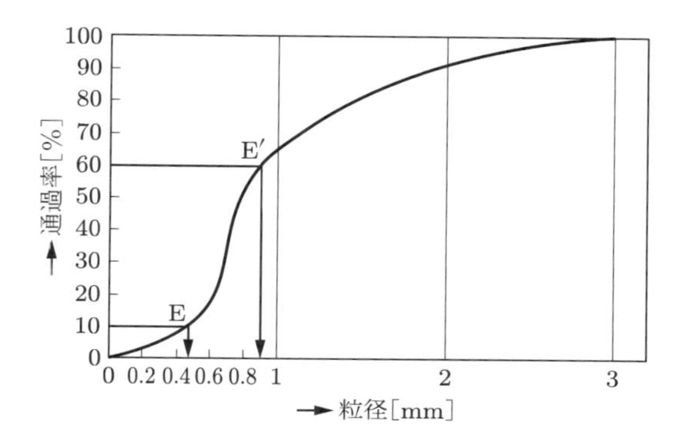

解図１　粒度加積曲線

8.2 ろ過速度を 120 m/日とすると，45000 ÷ 120 = 375 m^2 である．

第９章

9.1 一般に，浄水処理で用いられる膜ろ過方式は，膜の孔の大きさによって限外ろ過（UF）法と精密ろ過（MF）法に分類できる．限外ろ過法のほうが，孔径が小さく除去できる物質も広範囲に及ぶが，ろ過に必要な圧力は大きくなる．このほか，異臭味原因物質などの溶解性物質の除去が可能なナノろ過（NF）法や海水の淡水化に使われる逆浸透（RO）法もある．いずれの膜も一定時間ごとに洗浄する必要があり，平常時は逆洗や空気で行い，これで取れない汚れは定期的に薬品で洗浄しなければならない．膜ろ過は，凝集沈殿，砂ろ過が不要なため，敷地面積が少なくて済み，維持管理も容易で無人化も可能であり，小規模の浄水場を中心に導入が進んでいる．膜ろ過は個々の膜モジュールの結合となるためスケールメリットは出にくく，中規模や大規模の浄水場では通常処理に比べてコスト高となる．

第 10 章

10.1 高度浄水処理は，通常の浄水処理では十分に対応できない臭気物質，トリハロメタン前駆物質，色度，アンモニア態窒素，陰イオン界面活性剤などの処理を目的として行われる．高度浄水処理には，生物処理，オゾン処理，活性炭処理などがあり，生物処理は原水を対象に，オゾン処理，活性炭処理は沈殿水またはろ過水を対象に行われる．

10.2 粒状活性炭処理は，おもに活性炭のもつ吸着作用を利用するもので，生物活性炭処理はこれに加えて活性炭層内の微生物による有機物の分解作用を利用して活性炭の吸着機能を長く持続させるものである．生物活性炭処理は，微生物による分解作用を期待するので，その前段では塩素を注入しない．生物活性炭処理ではアンモニア態窒素の硝化も期待できる．

10.3 オゾン処理は，異臭味や色度の除去，トリハロメタン生成能の低減などを目的に行われる．オゾンの酸化力は，塩素などのほかの消毒剤と比べて格段に強い．また，オゾン処理は有機物との反応によりアルデヒドなどの消毒副生成物が生じるので，わが国ではその後に活性炭処理が義務づけられている．一般に，オゾンは乾燥した空気または酸素を高電圧の放電空間に通すことにより生成する．生成したオゾン化空気は，散気管または散気板などのオゾン注入設備によって細かな気泡にして水中に放ち，オゾン接触槽において沈殿水またはろ過水と接触させる．オゾンは毒性が強いため，オゾン接触槽から排出される空気のなかのオゾン（排オゾン）は分解して大気中に放出する．

第11章

11.1 塩素の消毒効果は，残留塩素濃度および塩素との接触時間によって左右されるが，そのほかに水温，pH 値，生物の種類，生物の存在状態によっても影響を受ける．水温は高いほど，また pH 値は低いほど消毒効果は高い．一般に，生物の種類別の塩素への抵抗性は，病原細菌＜大腸菌＜ウィルス＜細菌芽胞の順であり，またクリプトスポリジウムのオーシストも塩素消毒に対して強い抵抗性を示す．生物が集塊状になっている場合は，集塊の内部まで消毒効果が及び難いため，内部の生物はしばしば生き残る．

11.2 アンモニアや有機性の窒素を含む水に塩素を注入すると，塩素はそれらと反応して，まず結合残留塩素となる．この結合残留塩素は，塩素注入率を増加させるに従って増加するが，ある注入率に達すると減少をはじめ，残留塩素濃度は 0 あるいはそれに近い値まで低下する．しかし，それを超えてさらに注入率を増加させると，それに従って今度はおもに遊離残留塩素が増加をはじめる．残留塩素濃度が最低になるこの点を不連続点とよび，不連続点を超えて塩素注入率を増加させ，遊離残留塩素を生じさせる方法を不連続点塩素処理という．

第15章

15.1 BD 間，BC 間，それぞれについて点 B の所要水頭を求めると解表 1 のようになる．BD 間と BC 間を比較すると，8.1 > 7.6 となるので，8.1 m が点 B の所要水頭である．

点 A の所要水頭を求めると解表 2 のようになる．点 A の所要水頭は 6.6 + 8.1 = 14.7 m となり，配水管の水頭 15 m（1.5 kgf/cm^2）より小さく，しかも 15 m に近い水頭なので，それぞれの仮定管径が求める経済管径である．

解表 1　点 B の所要水頭

	BD 間	BC 間
所要流量	点D　0.3 L/秒	C点　0.6 L/秒
管　径	13 mm と仮定する	20 mm と仮定する
直管換算長	11 m	22 m
動水勾配	図 15.8 より 600 ‰	図 15.8 より 300 ‰
損失水頭	600/1000 × 11 = 6.6 m	300/1000 × 22 = 6.6 m
区間所要水頭	6.6 + 1.5 = 8.1 m	6.6 + 1 = 7.6 m

第16章

16.1 うず巻きポンプ（ボリュートポンプ），斜流ポンプ，水中ポンプなど

16.2 バタフライ弁，コーン弁，スリーブ弁など

解表2　点Aの所要水頭

	AB間
所要流量	点B　0.9 L/秒
管　径	20 mmと仮定する
直管換算長	9.5 m
動水勾配	図15.8より600 ‰
損失水頭	600/1000 × 9.5 = 5.7 m
区間所要水頭	5.7 + 0.9 = 6.6 m

16.3 ① 2次抵抗方式：効率が悪い.
② M-Gセルビウス方式：高効率であるが直流機の保守に手間がかかる.
③ サイリスタセルビウス方式：すべて静止機器で構成され，効率も高く保守も容易である.
④ クレーマ方式：大容量制御に用いられる．直流機の保守に手間がかかる.
⑤ 1次周波数制御方式：効率も高く，大容量のものも製作可能になってきているため，現在では回転速度制御方式の主流となってきている.

16.4 油入遮断器（OCB），空気遮断器（ABB），真空遮断器（VCB），ガス遮断器（GCB），磁気遮断器（MBB）など

16.5 ① 油入変圧器：安価であるが油を使うため，火災などに対して不利である．大容量のものに多く用いられる.
② 乾式変圧器：小型，軽量で，高価であるが，火災の危険が少ないことから普及が進んでいる.
③ ガス式変圧器：SF_6 ガスを絶縁と冷却に使用したもので，製作の歴史は新しいが，小型で，信頼性，安全性ともに優れている.

第17章

17.1 ① ハードウェアだけでなく利用技術，すなわち広い意味でのソフトウェアが重要な役割を担っている.
② ほかの設備と異なって，プラントの動作に直接的に必要な機能をもっていない.
③ 人間との関連が大きい.

17.2 ① 計画時点で期待する効果を明確にしておく.
② 効果に対する評価について，事業体内でのコンセンサスを得ておく.
③ 技術動向をあらかじめ検討しておく.
④ 施設の増設，改造をあらかじめ予測しておく.
⑤ 十分な安全対策を検討しておく.

17.3 デュアルシステム，分散システム

参考文献

[1] 日本水道協会：水道統計（平成 30 年度），日本水道協会，2020.
[2] 国土交通省：日本の水資源の現況（令和 2 年版），国土交通省，2020.
[3] 水資源協会：'96 水資源便覧，山海堂，1996.
[4] 日本水道協会：水道施設設計指針・解説（1977 年版），日本水道協会，1977.
[5] 厚生労働省：水質基準の見直しにおける検討概要，厚生労働省，2003.
[6] 日本環境管理学会：平成 21 年 4 月改正準拠 水道水質基準ガイドブック 改訂 4 版，丸善，2009.
[7] 日本水道協会：水道施設設計指針（2012 年版），日本水道協会，2012.
[8] 水道技術研究センター：水道用膜ろ過施設導入状況について（平成 27 年度末実績），水道技術研究センター，2016.
[9] 厚生省環境衛生局水道課：浄水場排水処理施設の手引き，日本水道協会，1972.
[10] 日本水道協会：水道維持管理指針，日本水道協会，1998.
[11] 日本水道協会：水道施設耐震工法指針・解説，日本水道協会，1997.
[12] 日本水道協会：水道用語辞典，日本水道協会，1996.
[13] 日本水道協会：上水試験方法（2011 年版），日本水道協会，2010.
[14] 厚生省水道環境部水道法研究会：改訂水道法逐条解説，日本水道協会，1992.
[15] 日本水道協会：日本水道史，日本水道協会，1967.
[16] 土木学会 編，丹保憲仁：上水道，技報堂出版，1980.
[17] 萩原良巳，小泉明：水需要予測序説，水道協会雑誌第 529 号，日本水道協会，1978.
[18] 水道浄水プロセス協会：小規模水道における膜ろ過施設導入ガイドライン，水道浄水プロセス協会，1994.
[19] 水道技術研究センター：浄水技術ガイドライン 2010，水道技術研究センター 2010.
[20] 金子光美：飲料水の微生物学，技報堂出版，1992.
[21] 真柄泰基 監修：WHO 飲料水水質ガイドライン（第 1 巻），日本水道協会，1994.
[22] 藤田賢二 監修：新しい水道の常識，日本水道新聞社，1995.
[23] 金子光美：水質衛生学，技報堂出版，1996.
[24] 真柄泰基 監修：水道の水質調査法，技報堂出版，1997.
[25] 東京都水道局：配水管工の手引き，東京都水道局，1997.
[26] 東京都水道局：配水管設計の手引き，東京都水道局，1998.
[27] 厚生省水道整備課 監修：給水装置工事の手引き，給水工事技術振興財団，1997.
[28] 日本水道協会：水道用ポンプマニュアル，日本水道協会，1992.

索　引

さ　行

た　行

な　行

は　行

ま 行

や 行

ら　行

監修者・著者略歴

本山　智啓（もとやま・ともよし）
1972年　北海道大学大学院工学研究科（衛生工学専攻）修了，東京都に入る．
2003年　東京都水道局多摩水道改革推進本部長
2009年　日本ダクタイル鉄管協会理事長
2017年　日本ダクタイル鉄管協会名誉顧問

岩崎　恭士（いわさき・きょうじ）
1984年　東京工業大学工学部機械物理工学科卒業，民間会社を経て東京都に入る．
2020年　東京都水道局設備担当部長

木村　慎一（きむら・しんいち）
1988年　埼玉大学理学部化学科卒業，東京都に入る．
2021年　東京都立大学大学院都市環境科学研究科博士後期課程修了　博士（工学）取得
2021年　東京都水道局朝霞浄水管理事務所長

田原　功（たはら・いさお）
1988年　東京大学大学院工学系研究科（土木工学専攻）修了，東京都に入る．
2021年　東京都水道局長沢浄水場長

成田　岳人（なりた・たけと）
1995年　北海道大学工学部衛生工学科卒業，東京都に入る．
2021年　東京都水道局浄水部浄水課長

藤川　和久（ふじかわ・かずひさ）
1997年　山梨大学大学院工学研究科博士後期課程単位取得退学，東京都に入る．
2019年　東京都水道局総務部施設計画課長

編集担当　二宮　惇（森北出版）
編集責任　石田昇司（森北出版）
組　　版　創栄図書印刷
印　　刷　　　同
製　　本　　　同

上水道工学（第５版）

1988年12月15日　第１版第１刷発行
1990年２月５日　第１版第２刷発行
1993年５月28日　第２版第１刷発行
1998年３月30日　第２版第６刷発行
1999年11月10日　第３版第１刷発行
2001年３月15日　第３版第２刷発行
2005年９月15日　第４版第１刷発行
2015年11月10日　第４版第５刷発行
2018年１月31日　第５版第１刷発行
2021年６月４日　第５版第２刷発行

監 修 者　本山智啓
発 行 者　森北博巳
発 行 所　**森北出版株式会社**
東京都千代田区富士見1-4-11　（〒102-0071）
電話03-3265-8341／FAX 03-3264-8709
https://www.morikita.co.jp/
日本書籍出版協会・自然科学書協会　会員

Printed in Japan／ISBN978-4-627-49285-1

MEMO